“十四五”时期国家重点出版物出版专项规划项目
先 进 制 造 理 论 研 究 与 工 程 技 术 系 列

视频目标跟踪

段喜萍　刘超军　编著

哈爾濱工業大學出版社
HITP HARBIN INSTITUTE OF TECHNOLOGY PRESS

内容简介

视频目标跟踪是计算机视觉中的热点问题，在自动驾驶、智能监控等领域具有广泛应用。本书介绍了视觉目标跟踪的基本概念、基本方法和发展现状，重点介绍了一些基于稀疏表示的目标跟踪方法及基于深度学习的目标跟踪方法。

本书可作为计算机视觉、模式识别、机器学习等研究方向的本科高年级学生和研究生的教材和参考书，也可供从事视频目标跟踪相关研究的研究者和工程技术人员使用。

图书在版编目(CIP)数据

视频目标跟踪/段喜萍，刘超军编著.—哈尔滨：哈尔滨工业大学出版社，2025.6. —(先进制造理论研究与工程技术系列). —ISBN 978－7－5767－1920－8

Ⅰ.TP302.7

中国国家版本馆 CIP 数据核字第 20251RN975 号

策划编辑　王桂芝
责任编辑　周一瞳　刘　威
出版发行　哈尔滨工业大学出版社
社　　址　哈尔滨市南岗区复华四道街 10 号　邮编 150006
传　　真　0451－86414749
网　　址　http://hitpress.hit.edu.cn
印　　刷　哈尔滨市石桥印务有限公司
开　　本　720 mm×1 000 mm　1/16　印张 9　字数 172 千字
版　　次　2025 年 6 月第 1 版　2025 年 6 月第 1 次印刷
书　　号　ISBN 978－7－5767－1920－8
定　　价　68.00 元

前　　言

在当今大数据、物联网、移动互联时代背景下，信息爆炸，海量数据充斥着人们的生活，视频数据以其直观、生动、丰富的内容，成为承载信息的重要手段和载体，推动着基于视频数据的视频目标跟踪技术向着更加深入、广泛的方向发展。在纵向深入发展上，更加精确、高效、可靠的视频目标跟踪成为研究者的不断追求；在横向应用扩展上，视频目标跟踪广泛应用于智能交通、高级人机交互、智能交互、智能监控、增强现实、人体动作分析等众多领域。深度学习技术的快速发展，促进了视频目标跟踪技术从人工特征向深度特征的跨跃，视频目标跟踪研究进入深度学习阶段。

本书共 6 章，第 1 章介绍视频目标跟踪的相关概念、发展现状及面临的挑战；第 2 章介绍基于多模态特征的视频目标跟踪；第 3 章介绍基于加权稀疏表示的目标跟踪；第 4 章介绍基于多模态加权稀疏表示的目标跟踪；第 5 章介绍基于核稀疏表示的目标跟踪；第 6 章介绍基于 IAFF－GhostNet 网络的改进 ECO 目标跟踪。

本书具体分工如下：第 1、6 章由段喜萍、刘超军共同撰写，第 2、3、4、5 章由段喜萍撰写。

本书在编写过程中参考了相关文献，在此向文献的作者致以衷心的感谢。

限于作者水平，书中难免存在疏漏和不足之处，恳请广大读者批评指正。

作　者

2025 年 3 月

目 录

第1章　绪　论

1.1　视频目标跟踪概述

人类所获外部信息的80%均来自于人体视觉系统。人体视觉系统作为人类获取外界信息的主要通道，能够有效地感知物体，辨别物体的形状、大小、远近、高低、长短、明暗色彩及空间定位等，其相较于听觉、嗅觉、味觉、触觉等其他感知系统具有显著优势。视觉系统的视觉通道由视网膜、神经节细胞、外膝体、视觉皮层等四部分构成。外界物体反射来的光线依次经过角膜、瞳孔、晶状体和玻璃体，并经过折射，最终落在视网膜上，形成一个物像。视网膜上有对光线敏感的细胞，这些细胞将图像信息通过视神经传给大脑的一定区域，人就产生了视觉(图1.1)。

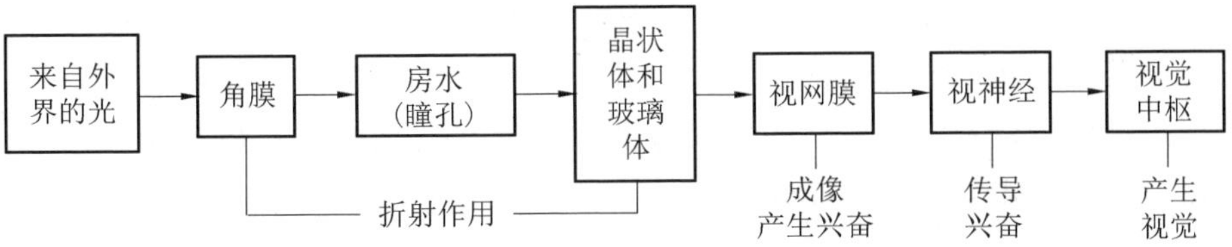

图1.1　人类视觉形成过程

受人体视觉系统启发，计算机视觉采用各种成像系统代替视觉器官作为输入敏感手段，由计算机代替大脑完成各种处理和解释。计算机视觉在制造业、检验、监控、文档分析、自动驾驶、医疗诊断、人体姿势估计、三维重建、行为识别、支持视觉特效制作的电影和广播以及军事等各种应用领域中具有重要应用，是各种智能/自主系统中不可或缺的重要组成部分。由于计算机视觉在各领域的广泛应用作用和价值，以及可观的未来发展前景，许多国家都把计算机视觉的研究列为科学和工程中对其经济和科学等将产生广泛影响的重大基本问题。而计算机视觉面临的主要挑战是要为计算机和机器人开发具有与人类相当的视觉能力。

作为一门学科，计算机视觉开始于20世纪60年代初，并逐渐形成许多稳定的研究方向。但在计算机视觉的基础研究中，许多重要进展是在20世纪80年代取得的。特别是最近十几年来，计算机视觉已发展成计算机科学中最热门的研究方向之一。作为一门交叉学科，计算机视觉的研究涉及数学、机器学习、人工智能、自动控制、信号处理、物理学、成像技术、神经生物学等领域的知识和技术，是一门综合性很强的学科，已吸引来自各个学科领域的研究者参与到其深入研究中(图 1.2)。

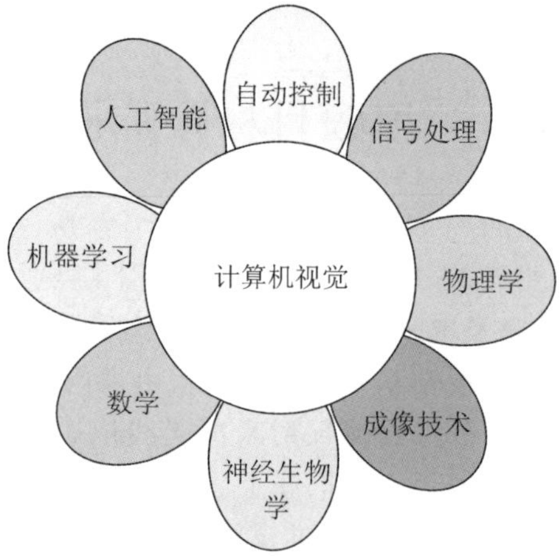

图 1.2　计算机视觉的多学科交叉情况

视频目标跟踪作为计算机视觉中的热点问题，其任务是通过搭建跟踪算法对视频中感兴趣的目标或区域进行跟踪。目标跟踪任务需要在初始帧中给定目标跟踪的位置及需要跟踪的感兴趣的目标。在后续帧中对划定的目标进行确定位置的过程如图 1.3 所示。

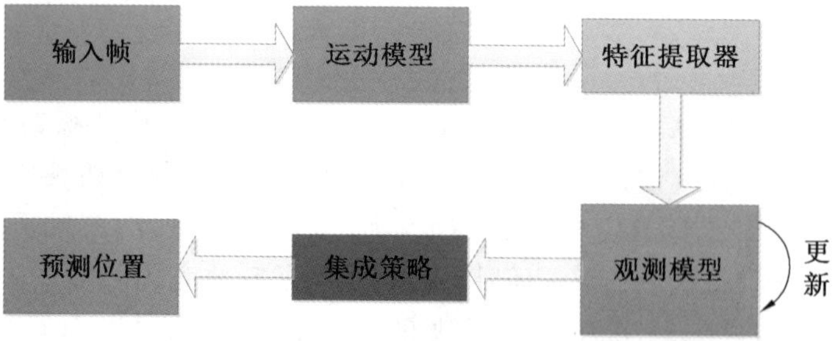

图 1.3　在后续帧中对划定的目标进行确定位置的过程

从图 1.3 中可知，整个跟踪过程中，在输入帧确定目标初始位置及目标的大小。在下一帧中可能出现更多的运动可能性，因此应提取运动可能位置作为候选位置。经过特征提取器后提取跟踪目标所需要的特征，再经过观测模型对所有候选位置响应，根据选择策略确定最终响应位置，此位置即为预测下一帧的位置。可将视频目标跟踪任务可分为五个研究方向：运动模型、特征提取、观测模型、模型更新和集成策略。

（1）运动模型。

运动模型是用于视频目标跟踪任务中提取候选位置的方法。由于运动模型处于整个跟踪过程的初始阶段，因此运动模型提取到的候选位置的质量对整个算法过程至关重要。常见的运动模型有两种方法：滑动窗口方法和粒子滤波方法。基于滑动窗口的运动模型主要是将初始位置的相邻或相近的位置穷举作为候选位置，列举所有的可能性。但基于粒子滤波的运动模型是根据贯序贝叶斯推断递归运算出目标的隐含候选位置。从方法的角度可知，两种方法各有利弊点。基于滑动窗口的运动模型更适用于目标变化不大的情况。

（2）特征提取。

特征提取对视频目标跟踪任务甚至图像类任务都有着至关重要的作用。在目标跟踪领域主要采用手工特征和卷积特征。手工特征主要是人工设计的特征结构，如方向梯度特征（histogram of oriented gradient，HOG）、颜色特征（color naming，CN）、尺度不变特征变换（scale-invariant feature transform，SIFT）等。人工特征大多不能表征目标本身，只能代表某些图像性质。而卷积特征经过大数据量的学习过程，能够更好地学习出具有更强大表征能力的特征。

（3）观测模型。

观测模型的主要作用是对候选框进行评价。主要分为三大类：生成式模型、判别式模型和基于深度学习的模型。生成式模型在参数空间中生成样本，根据上一帧产生的样本选择最好的目标位置。而判别式模型和基于深度学习的模型主要是设计或学习出一个分类器用于分离目标和背景，能够利用每一帧图像背景和目标信息。

（4）模型更新。

模型更新是为了设计出鲁棒性和健壮性更好的观测模型。因为目标在视频任务中处于不断变化的过程，所以更新观测模型极为重要。根据不同的设计方案，可对观测模型每帧进行一次更新，但每帧更新会产生更多的噪声，并出现计算量大的问题。后续研究者设计出了每隔几帧进行更新或长短时更新的策略。

（5）集成策略。

集成策略更关注选择出最终结果。在模型最优的情况下，如何选择出最优位置关乎着整个算法的精确度。大致可将集成策略分为两种方式:所有候选信息选择最优和所有候选信息加权选择最优。

视频目标跟踪过程估计出的各帧目标状态信息包括被跟踪目标的位置、大小、速度、运动轨迹等,可进一步用于图像或视频的分析和理解。因此,视频目标跟踪可看作一个重要的预处理步骤,这是计算机视觉中的一大新兴热点问题。视频数据以其直观、生动、丰富的内容,成为承载信息的重要手段和载体,也推动着基于视频数据的视频目标跟踪技术向着更加广泛、深入的方向发展。

在纵向深入研究发展上,视频目标跟踪一直是活跃于国际学术前沿的热点问题。在横向应用扩展上,视频目标跟踪广泛应用于各类领域:为便于智能机器适应环境,自主运动的视觉导航;能够实时监测场景中车辆,并能对车辆行为进行进一步分析和判断的智能交通;能够跟踪、识别、理解人的动作和行为,实现更为和谐人机交互的高级人机交互;通过视频捕捉设备获取人体运动数据,用虚拟人物完成现实人们无法完成或难以做到的事情的虚拟现实;使用超声波和核磁产生的图像序列辅助诊断的医学诊断;可以提高视频传输效率的视频压缩;能实时对摄像机捕捉到的视频图像序列进行分析和处理,并对目标行为进行分析和理解的智能监控;等等。

1.2　相关概念及方法

1.2.1　稀疏表示

1. 稀疏表示与发展

稀疏表示又称稀疏编码,是模拟哺乳动物视觉系统主视皮层V1区(初级视皮层)简单细胞感受野人工神经网络的一种方法,具有空间的局部性、方向性和频域的带通性,是一种自适应的图像统计方法。稀疏编码方法在盲源信号分离、语音信号处理、自然图像特征提取、自然图像去噪、图像超分辨率、图像压缩及模式识别等方面取得了许多重要的研究成果,具有很强的实用价值,是当前学术界的一大研究热点。该技术的进一步深入研究不仅对促进图像信号处理、神经网络等技术的研究具有重要意义,而且也将对相关领域新技术的发展起到积极的促进作用。

稀疏表示的研究可追溯到20世纪50年代末。1959年,Hubel和Wiesel[1]通过对猫的视觉条纹皮层简单细胞感受野的研究,得出主视皮层V1区神经元的感受野能对视觉感知信息产生一种“稀疏表示”的结论。1961年,Barlow[2]基于此结论提出利用感知数据的冗余进行编码。1969年,Willshaw等[3]提出一种基于 Hebbian 局部学习规则的稀疏表示模型,这种稀疏表示可以使模型之间的冲突更少,从而使记忆能力最大化,该模型的提出表明稀疏表示对学习神经网络中的联想非常有利。1972 年,Barlow[4] 推论出在稀疏性与自然环境的统计特性之间必然存在某种联系。随后,人们提出了许多计算方法来论证这一推论,这些方法表明稀疏表示可以反映大脑中出现的自然环境的统计特性。1987 年,Field[5] 提出主视皮层 V1 区简单细胞的感受野非常适合学习视网膜成像的图像结构,因为它们可以产生图像的稀疏表示。基于该结论,Michison[6] 于 1988 年明确提出了神经稀疏编码的概念,该概念之后被牛津大学的 Roll 等[7] 引用,文献[8] 对灵长目动物视觉皮层和猫视觉皮层的电生理实验报告也证实:视觉皮层复杂刺激的表达是采用稀疏编码原则的。1989 年,Field[9] 提出了稀疏分布式编码(sparse distributed coding) 方法,该编码方法不是减少输入数据的维数,而是减少响应任一特殊输入信息的神经细胞数目,信号的稀疏编码存在于细胞响应分布的四阶矩(即峭度(kurtosis)) 中。1996 年,Olshausen[10] 指出:自然图像经过稀疏编码后得到的基函数类似于 V1 区简单细胞感受野的反应特性。这种稀疏编码模型提取的基函数首次成功地模拟了 V1 区简单细胞感受野的三个响应特性,即空间域的局部性、时域和频域的方向性及选择性。考虑到基函数的超完备性(即基函数维数大于输出神经元的个数),Olshausen 和 Field[11] 在 1997 年提出一种超完备基稀疏编码算法,该算法利用基函数和系数的概率密度模型建模 V1 区简单细胞感受野。1997 年,Bell 和 Sejnowski[12] 把多维独立分量分析(independent component analysis,ICA) 用于自然图像数据分析,得出“ICA 实际上就是一种特殊的稀疏编码方法”的结论。十几年来,人们又提出了许多新的稀疏编码算法。2000 年,Tenenbaum 等[13] 提出双线性稀疏编码模型,对稀疏系数和基函数进行两次稀疏变换,更好地体现了自然图像的内容和类型,但训练速度较慢。Olshausen 等[14] 从小波变换的角度对自然数据进行神经表示和编码,做为完备基(基函数 A 的维数等于输出神经元的个数) 的稀疏编码模型,此模型依赖于图像数据的类型。Oja 和 Hyvarinen 等[15] 对 ICA 模型和不变特征子空间进行了深入研究,ICA 方法由于要求较强的假设条件,因此其应有范围受到限制。Hoyer[16] 在标准稀疏编码的基础上提出一种非负稀疏编码(NNSC) 模型,该模型考虑了人眼以不同的通道(ON－channel 和 OFF－channel) 接收非负数据,符合人眼的生理特性和主视皮层 V1 区简单细胞神经元的电生理特性。Donoho[17] 提出经过 l_0 范数最小化通用字典的一种最佳稀疏表示方法,其关键是如何选择恰当的“字典”,以获得最大的稀疏性。杨谦等[18] 从检测图像的物理过程入手,利用二维 Gabor 小波函数建立一个基于超定完备基的简单细胞集群稀疏编码的计算模型，并实现了自然图像的编码。

根据Donoho在2006年给出的研究结论可知，稀疏表示是一个经过维数约简过程，精确恢复高维稀疏向量的问题。稀疏表示的两大主要任务是字典生成和稀疏分解算法，下面将分别介绍。

2. 字典生成

字典可划分为分析字典和学习字典两类。

(1) 分析字典。

在已知信号的某些特征的情况下，可选择分析字典。常用的分析字典有傅里叶字典、小波字典、超完备DCT字典及曲波字典等[19,20]。分析字典实现简单，但表达形式单一且不具备自适应性。

(2) 学习字典。

学习字典的自适应能力强，能更好地适应数据。常用的学习字典方法如下。Engan等于1999年提出的最优方向算法(method of optimal direction, MOD)[21]作为学习字典的鼻祖，其优点是更新方式简单，但存在着收敛速度慢的不足。Aharon等在2006年提出了基于超完备字典稀疏分解的K奇异值分解(K-SVD)算法[22]，相较于MOD算法，该算法的收敛速度有了很大的提高，但随着噪声的逐渐加大，使用该算法进行去噪后的图像会因纹理细节的丢失而产生模糊。Mairal等于2010年提出了一种在线字典学习算法[23]，该算法速度较快且适用于一些特殊的信号处理，如视频信号、语音信号等。

3. 稀疏分解算法

通常使用的稀疏分解算法可分为以下三类。

(1) 凸松弛算法。

凸松弛算法(convex relaxation)的核心思想是用凸的或是更容易处理的稀疏度量函数代替原目标函数中的非凸 l_0 范数，通过转换成凸规划或非线性规划问题来逼近原先的组合优化问题。变换后的模型可采用诸多现有的高效算法求解，降低问题的复杂度。凸松弛算法包括内部点法(interior-point)、投影梯度法、迭代阈值法及加速邻近梯度法(accelerated proximal gradient, APG)。

(2) 贪婪算法。

由于稀疏解包括非0系数的位置索引和幅值两种信息，因此贪婪算法(greedy algorithm)的基本做法是先确定稀疏解中非0元素的位置索引，然后用最小二乘法求解对应的幅值。与凸松弛算法相比，贪婪算法具有较低的复杂度。已有的贪婪算法包括正交匹配追踪(OMP)[24]、分段式正交匹配追踪(StOMP)、正则化正交匹配追踪(ROMP)[25]、压缩采样匹配追踪

(CoSamp)[26]、子空间追踪(SP)[27] 等,其中最著名的是 OMP。

(3) 组合算法。

组合算法包括次线性傅里叶变换等。

1.2.2　相关滤波

1. 相关滤波算法原理

相关滤波算法依据目标与背景在响应值上的差异来实现目标跟踪。相关滤波算法被广泛应用在目标跟踪领域,该类算法主要是利用视频帧图像训练滤波器,再应用滤波器对后续视频帧中的目标位置进行识别,根据不同的响应值推断是否为目标位置,候选位置一般是最大的相关响应值的位置。

根据卷积定理可得

$$x \otimes h = F^{-1}(\hat{x} \odot h^{*}) \tag{1.1}$$

式中,x 表示提取到的视频帧目标特征;h 表示当前相关滤波器;F^{-1} 表示傅里叶逆变换;$\odot$ 表示乘法运算;$*$ 表示元素的复共轭;$\otimes$ 表示卷积操作;$\hat{x}$ 表示 x 元素的傅里叶变换的值,并服从

$$\hat{x} = F(x) \tag{1.2}$$

在进行相关滤波器跟踪算法在线训练过程中,可得

$$y = F^{-1}(x' \odot h^{*}) \tag{1.3}$$

式中,y 表示相关期望的输出;x' 表示训练输入的样本。由上式可得

$$h^{*} = \frac{\hat{y}}{x'} \tag{1.4}$$

式中,$\hat{y}$ 表示 y 元素的傅里叶变换的值;$\frac{\hat{y}}{x'}$ 表示两元素间的除法运算。一般地,相关滤波跟踪算法将相关运算从空域转换到频域上加快运算,提高跟踪速度。相关公式在空域上的表示为

$$g = f \oplus h \tag{1.5}$$

式中,f 表示输入的图像,即输入信号;h 表示相关滤波器;g 表示相关计算后的输出值,即响应值;$\oplus$ 表示相关运算。将卷积因子引入,由卷积定理可将傅里叶域的相关运算变成卷积运算,有

$$F(g) = F(f \oplus h) = F(f) \odot F(h)^{*} \tag{1.6}$$

式中,$F(f)$ 表示输入图像的傅里叶变换,下面定义 $F = F(f)$;$F(h)$ 表示相关滤波器的傅里叶变换,下面定义 $H = F(h)$。故有

$$G = F \odot H^{*} \tag{1.7}$$

为增强滤波器对目标跟踪的鲁棒性，对初始帧图像进行仿射变换，增加样本数量，可变换为

$$H_i^* = \frac{G_i}{F_i} \tag{1.8}$$

式中，i 表示第 i 组训练样本。在滤波器的训练过程中，需要最小化训练图像和样本模板卷积后与目标具体位置的差值，目的是训练目标模板能最大化映射训练图像与目标位置的相关性，则可得损失函数为

$$\min_{H^*} \sum_i \left| F_i \odot H^* - G_i \right|^2 \tag{1.9}$$

最终经过训练的滤波器能够得到一个封闭解，则

$$H^* = \frac{\sum_i G_i \odot F_i^*}{\sum_i F_i \odot F_i^*} \tag{1.10}$$

一般地，相关滤波跟踪算法框架经历如下过程。

(1) 根据标注的第一帧的目标视频帧训练初始的相关滤波器，在后续帧的跟踪过程中，根据前一帧的目标位置提取图像作为检测样本。

(2) 提取检测样本的图像特征，对图像特征进行加窗后，利用离散傅里叶变换进行相关运算。

(3) 经过相关运算后通过离散傅里叶逆变换得到相关响应图。

(4) 根据相关响应图估计目标当前位置，将当前帧加入训练样本用以训练和更新相关滤波器。

(5) 判断是否为最后一帧。若不是，重复步骤(2)；若是，结束跟踪。

2. 离散傅里叶变换与循环矩阵

循环矩阵是一种当前行向量的每一个元素是前一行的行向量元素向右偏移一位的特殊 Toeplitz 矩阵，具体形式以 4 行 4 列的矩阵表示，即

$$\boldsymbol{X} = \boldsymbol{C}x = \begin{bmatrix} x_1 & x_2 & x_3 & x_4 \\ x_4 & x_1 & x_2 & x_3 \\ x_3 & x_4 & x_1 & x_2 \\ x_2 & x_3 & x_4 & x_1 \end{bmatrix} \tag{1.11}$$

由定义可知

$$\boldsymbol{X} = \boldsymbol{C}x = \boldsymbol{F} \cdot \mathrm{diag}(\hat{x}) \cdot \boldsymbol{F}^{\mathrm{H}} \tag{1.12}$$

式中，$\boldsymbol{X}$ 表示循环矩阵；$\hat{x}$ 表示 x 元素的傅里叶变换的值；$\boldsymbol{F}$ 表示傅里叶变换矩阵；$\boldsymbol{F}^{\mathrm{H}}$表示 $\boldsymbol{F}$ 的共轭转置。用 y 替代可得

$$\boldsymbol{C}(\boldsymbol{F}^{-1}(y)) = \boldsymbol{F} \cdot \mathrm{diag}(y) \cdot \boldsymbol{F}^{\mathrm{H}} \tag{1.13}$$

式中，$\boldsymbol{F}$ 可由一个复数表示，即

$$\omega = \mathrm{e}^{-2\pi i/k} \tag{1.14}$$

其中，k 表示当前傅里叶矩阵的尺寸大小。当 $k=4$ 时，有

$$\boldsymbol{F} = \frac{1}{\sqrt{k}} \begin{bmatrix} 1 & 1 & 1 & 1 \\ 1 & \boldsymbol{\omega} & \boldsymbol{\omega}^2 & \boldsymbol{\omega}^4 \\ 1 & \boldsymbol{\omega}^2 & \boldsymbol{\omega}^4 & \boldsymbol{\omega}^8 \\ 1 & \boldsymbol{\omega}^3 & \boldsymbol{\omega}^6 & \boldsymbol{\omega}^9 \end{bmatrix} \tag{1.15}$$

式中，$\boldsymbol{\omega}$ 表示一个角度为 $2\pi/k$ 的向量。一个输入 x 经过傅里叶变换可得

$$\hat{x} = \mathrm{DFT}x = \sqrt{k}\boldsymbol{F}x \tag{1.16}$$

即可得傅里叶逆变换公式，有

$$x = \frac{1}{\sqrt{k}} \boldsymbol{F}^{-1}\hat{x} \tag{1.17}$$

令 F 表示傅里叶变换，当循环矩阵与元素卷积计算由时域转化到频域时，卷积变换即可转换为相乘计算，即

$$F(\boldsymbol{Xy}) = F(C(x)\boldsymbol{y}) = F(\bar{x} * \boldsymbol{y}) = F^*(x) \odot F(\boldsymbol{y}) \tag{1.18}$$

式中，$\boldsymbol{X}$ 表示循环矩阵；$\boldsymbol{y}$ 表示向量；$\bar{x}$ 表示 x 的元素倒排；$*$ 上标表示共轭运算。

两个循环矩阵乘积的特征等于其特征值的乘积，即

$$AB = \boldsymbol{F} \cdot \mathrm{diag}(\hat{a}) \cdot \boldsymbol{F}^{\mathrm{H}} \cdot \boldsymbol{F} \cdot \mathrm{diag}(\hat{b}) \cdot \boldsymbol{F}^{\mathrm{H}} \tag{1.19}$$

$$AB = \boldsymbol{F} \cdot \mathrm{diag}(\hat{a})\,\mathrm{diag}(\hat{b}) \cdot \boldsymbol{F}^{\mathrm{H}} = \boldsymbol{F} \cdot \mathrm{diag}(\hat{a} \odot \hat{b}) \cdot \boldsymbol{F}^{\mathrm{H}} = \boldsymbol{C}(\boldsymbol{F}^{-1}(\hat{a} \odot \hat{b})) \tag{1.20}$$

即可得到两个循环计算在傅里叶域的转化，有

$$\boldsymbol{X}^{\mathrm{H}}\boldsymbol{X} = \boldsymbol{F} \cdot \mathrm{diag}(\hat{x} \odot \hat{x}^*) \cdot \boldsymbol{F}^{\mathrm{H}} = \boldsymbol{C}(\boldsymbol{F}^{-1}(\hat{x} \odot \hat{x}^*)) \tag{1.21}$$

原先两个循环矩阵的总体计算量为 $O(K^3)$ ，经过变换后的计算量为 $(k\log k)+k$，其中 k 表示矩阵的尺寸大小。

3. 窗函数

根据循环位移能够近似模拟循环矩阵密集采样的计算过程，这虽然能够为相关滤波分类器提供足够的样本，但造成了图像样本边界像素不连续的问题，从而造成离散傅里叶变化后图像信息出现频谱泄漏的情况，降低跟踪算法的精确度。在基于相关滤波的目标跟踪算法中常采用加窗操作模糊图像边界像素值，以减少边界的不连续性。一般地，窗函数是一种时域有限宽的信号，代表的窗函数有矩形窗、高斯窗及汉宁窗（余弦窗）等。

1.2.3　特征及其提取

特征提取是计算机视觉中的主要核心问题之一。特征提取主要分为两类：

手工特征(hand-crafted)和卷积特征(end-to-end)。手工特征是在模仿人类视觉系统下得到的特征,而卷积特征在端到端的学习方式下更能体现视觉图像的本身性质。

1. 手工特征及其提取

一般地,手工特征大多是底层特征和中层特征。底层特征多数基于图像自身信息,可分为图像的颜色、图像的纹理、图像的形状和图像体现的梯度信息,常见的底层特征有 RGB、LAB、HSV、HOG、局部二元模式(LBP)、SIFT、加速鲁棒特征(SURF)、尺度不变局部三元模式(SILTP)等。底层特征大多计算简单,不同于复杂的统计。还有一部分特征是由底层特征进行特征融合的中层特征,其区别于底层特征的特点是提取方式和特征融合的方式不同。在视频目标跟踪任务中,常采用颜色特征和 HOG 特征等。

HOG 特征常用于目标检测中,HOG 特征作为一种高效的目标检测和跟踪中的特征描述子,计算和统计着图像局部区域的方向梯度直方图信息。在深度学习广泛应用以前,基于HOG特征的支持向量机(SVM)被广泛应用。用于计算和统计 HOG 特征的是图像的局部单元,能够保证图像对于几何变化、光照变化甚至场景变化都能有较好的不变性。HOG 特征提取过程如图 1.4 所示。

其中,为减少图像中不同区域的光照影响,需要对图像进行预处理。常见的处理方式有两种:灰度化和 Gamma 较正。一般灰度化应用于彩色图像,Gamma 校正用于图片光照不均匀(图 1.5)。Gamma 校正有两种方式:平方根法和对数法。

在对图像中梯度进行计算时,梯度的方向为图像的横坐标和纵坐标,将其计算为一个梯度的方向值,再对其进行求导即可得到图像的底层信息,如纹理等信息。不同梯度方向的计算公式为

$$\begin{cases} S_x(x,y)=H(x+1,y)-H(x-1,y) \\ S_y(x,y)=H(x,y+1)-H(x,y-1) \end{cases} \tag{1.22}$$

式中,$S_x(x,y)$ 为像素点 (x,y) 横坐标方向梯度;$S_y(x,y)$ 为像素点 (x,y) 纵坐标方向梯度;$H(x,y)$ 为像素点 (x,y) 像素值。根据公式可得,像素点 (x,y) 梯度幅值和方向为

$$\begin{cases} S_x(x,y)=\sqrt{S_x(x,y)^2+S_y(x,y)^2} \\ a(x,y)=\arctan\dfrac{S_y(x,y)}{S_x(x,y)} \end{cases} \tag{1.23}$$

提取 HOG 特征可用[−1,0,1]向量作为梯度算子对图像本身提取横坐标梯度,然后用[−1,0,1]向量的转置向量提取纵坐标梯度,根据上式即可求解像素点 (x,y) 的梯度幅值和方向。随后将为每个局部图像单元提供编码,构建

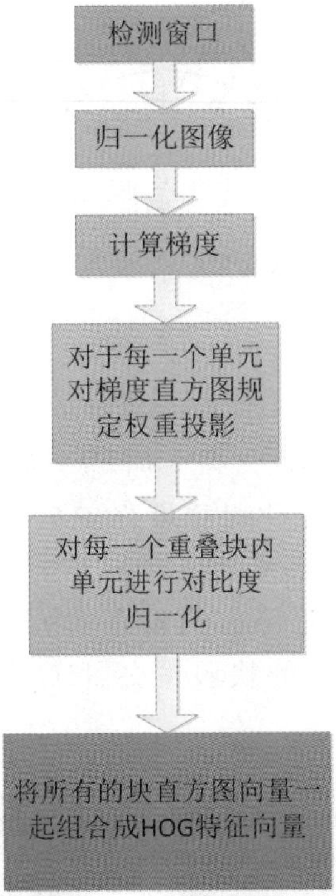

图 1.4　HOG 特征提取过程

图 1.5

图 1.5　图像及其灰度化对比图

方向梯度直方图。一般地，将图像分为若干个小单元，每个单元为 $n \times n$ 个像素，采用 9 个 bin 的直方图来统计 $n \times n$ 个像素的梯度信息。若这个像素的梯度落到某个角度，则为该区域对应直方图的 bin 添加一个计数。最后可得到的单元为方向梯度直方图，即一个 9 维的特征向量，梯度的大小即为映射到某个固定角度后的投影大小。图 1.6 所示为梯度角划分示意图。

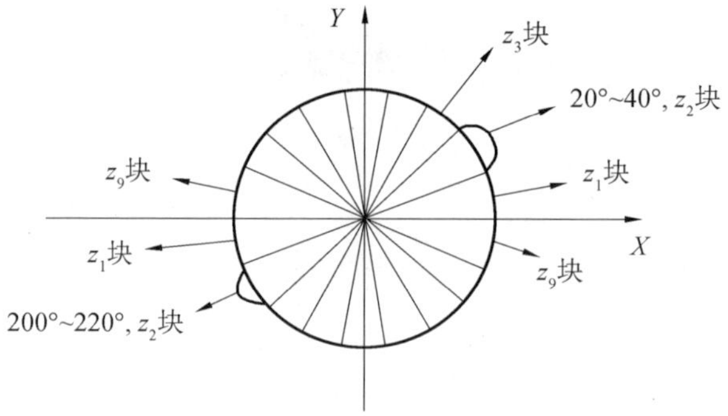

图 1.6　梯度角划分示意图

由于光照变化和对比度变化对梯度强度数值具有较大影响，因此在获得各单元的方向梯度直方图后，将梯度强度归一化，然后将各个单元的空间连通成一块，将此区域的每个单元得出的特征单元联合起来得到块描述符，即HOG描述符，再将所有重叠的块收集的HOG特征组合成最后的特征向量(图 1.7)。

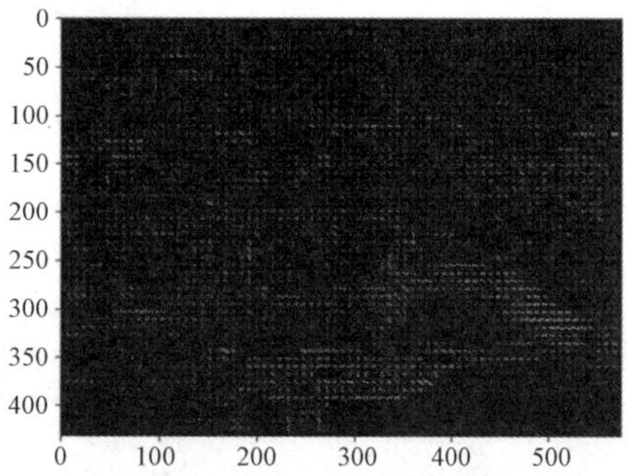

图 1.7　HOG 特征提取结果示意图

CN是一种计算机视觉领域常见的颜色特征，往往将人类日常中的RGB颜色映射出11种颜色信息。映射划分规则最早来源于人类对人类色彩感知的研究，如1969年由语言学家Berlin等提出的划分规则。随着颜色特征的发展，Weijer等从大量数据中提取出CN用于表征RGB空间的颜色值，并提出CN与RGB颜色之间的概率映射关系。将RGB空间颜色值根据出现的概率对应11维的颜色特征，并保证概率总和为1，实现RGB空间颜色值与CN之间的转化，降低了颜色特征的维度(图 1.8)。

在具体的视觉任务应用CN值时，需要先将CN进行归一化处理，减少加窗对图像失真的影响。颜色特征对目标的形变等外观变化有较强的稳健性和一

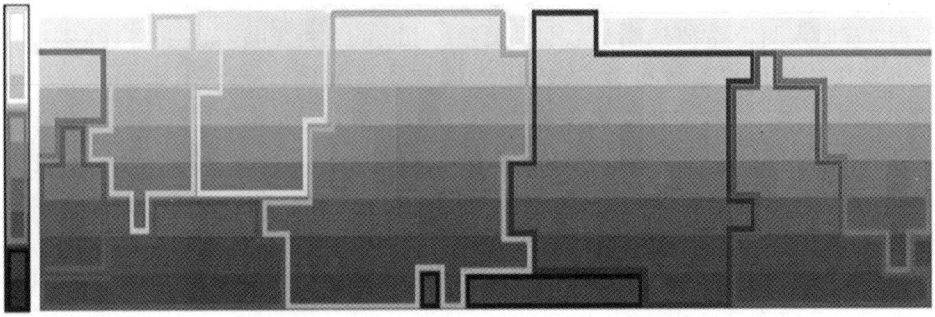

图 1.8

图 1.8　RGB 颜色划分为 CN 示意图

定的旋转不变性，但不适应目标背景颜色剧烈变化的情形，将导致颜色特征对目标图像表征能力降低。

2. 卷积特征及其提取

深度特征随着深度学习的发展而广泛应用于只用预训练特征的场景。深度特征被提取于深层网络结构，不需要人工参与特征提取过程，提取到的特征语义丰富，受到光照、目标姿态的影响小。深度特征提取一般需要一个可用于学习的模型，如神经网络等。神经网络被设计用来学习指定的规则，加以大量的数据，学习出一个具体的模型。从 2012 年提出 AlexNet 网络起，不同的深度卷积神经网络模型被不断提出，如 VGG、ResNet 等结构。深度卷积神经网络被广泛应用于计算机视觉任务，如图像识别、目标检测、目标跟踪及视觉分割任务等。

一般地，深度卷积网络包含多层神经网络，主要有输入层、卷积层、池化层(pooling)、全连接层及输出层等网络结构。

(1) 输入层。

输入层用于深度卷积网络对数据的输入过程。在输入层中，根据不同的数据类型可分为时间或频谱数据、图像数据和视频数据。时间或频谱数据输入可为一维数据，图像数据大多为二维数据，视频数据在图像的基础上多加入帧序列，数据输入为三维数据。卷积神经网络对二维图像数据处理较多。卷积神经网络在输入层大多情况需要对数据进行归一化、标准化处理，如将图像中的像素值从[0,255] 转变为[0,1]，这样操作能够提升神经网络的处理效率。

(2) 卷积层。

卷积层是卷积神经网络的核心结构，也是卷积神经网络不同于其他类型神经网络的重要标志。在卷积层参加卷积神经网络的学习中，大多需要定义卷积核(convolutional kernel) 的卷积层主要组件，该组件又称过滤器(filter)。卷积核的大小称为卷积核的感受野，并且卷积核的通道数要与上层输入的通道数相同才能参与运算。卷积核的数量 k 为下一层输入的特征数。另外,定义卷积操作时,需加入两个重要的参数:补零操作(padding) 和步长(stride)。补零操作能够解决边缘信息被忽略的问题,也能够解决输入图像大小不同的问题。如图 1.9 所示,定义 P 为补零操作补零的个数,当 $P=1$ 时,即可在矩阵四周添加一圈 0。卷积操作大多以滑动的形式进行卷积运算,每次滑动的距离即为步长 stride,设定步长 stride 为 S。当 $S=1$ 时,按图 1.9 进行滑动计算。可得卷积后的特征计算为

$$O=(W-F+2P)/S+1 \tag{1.24}$$

式中,O 为卷积层输出;W 为卷积层输入的长或宽。

0	0	0	0	0	0	0	0	0	0	0	0
0	1	2	5	6	0	0	1	2	5	6	0
0	3	4	7	8	0	0	3	4	7	8	0
0	1	2	5	6	0	0	1	2	5	6	0
0	3	4	7	8	0	0	3	4	7	8	0
0	0	0	0	0	0	0	0	0	0	0	0

图 1.9　补零操作过程示意图

(3) 池化层。

池化层大多数紧接着卷积层,pooling 操作能够减少整个网络的计算量,减少特征的大小,降低过拟合的可能性,同时能够增大感受野,增加特征的平移不变性。池化层能够适用于卷积神经网络,原因是对于单个图像的不同位置特征能够相互适用,不同位置的特征进行聚合操作表征整个图像也是可行的。在 pooling 的过程中,聚合方式有很多种,其中均值池化、最大值池化和金字塔池化是常见的池化操作。由于卷积操作对于单个的计算单元在滑动卷积的过程中重复计算,因此经过卷积层的特征在特征变化中会有冗余,经过池化层后能够减少这种计算冗余,增加特征对图像的感受野。图1.10 和图1.11 所示分别为均值池化和最大值池化过程示意图。均值池化是对特征矩阵取平均值,池化层的窗口大小为 2×2,采用滑动的方式对特征矩阵进行均值计算就能得到均值池化的结果。

(4) 全连接层。

全连接层的主要作用是将特征从一个特征空间变换到另一个特征空间。在卷积神经网络中,全连接层大多作为分类器,直接输出分类结果。全连接层对卷积神经网络前面各层的特征进行加权求和,也可以作为最终卷积神经网络输出为图像分类任务的各类概率。

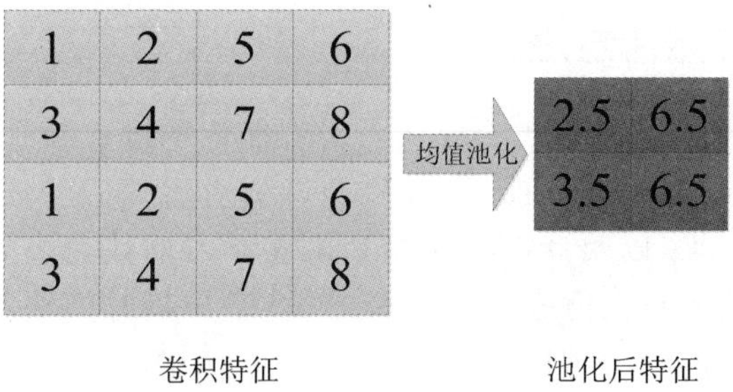

图 1.10　均值池化过程示意图

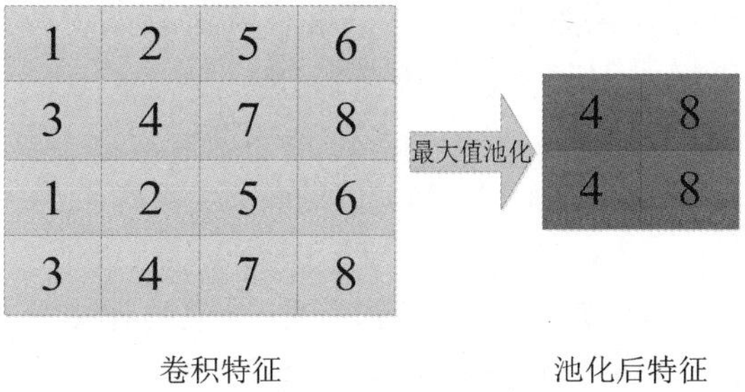

图 1.11　最大值池化过程示意图

(5) 输出层。

深度卷积网络经过大规模的图像数据集进行预训练，如 ImageNet 数据集，其过程示意图如图 1.12 所示。随着深度卷积网络不断加深网络结构，越深层次的卷积层和全连接层有越丰富的语义信息，深度卷积网络的输出层也从原先的直接采用全连接的输出作为特征变为以 CNN 模型的各层输出作为不同的特征结构。

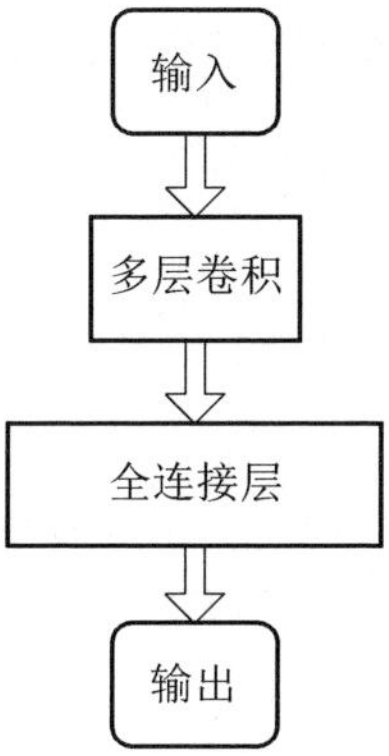

图 1.12　深度卷积网络过程示意图

1.2.4 特征融合方法

特征融合方法广泛地存在于现代人工智能体系中。特征融合是将不同来源的信息整合，去除冗余的特征，融合后的特征对后续的处理有正向的应用。随着信息时代的到来，以及计算机性能和机器学习的快速发展，特征融合优势越来越明显。主要的特征融合算法分为三类：基于贝叶斯决策理论、基于稀疏表示理论和基于深度学习理论。

1. 基于贝叶斯决策理论的特征融合算法

一般地，基于贝叶斯决策理论的特征融合算法有如下特征：已知该算法的模式空间为 Ω，且该模式空间下有 c 种模式，即

$$\Omega=\{\omega_1,\omega_2,\omega_3,\cdots,\omega_c\} \tag{1.25}$$

令样本为 $\boldsymbol{x}$，且 $\boldsymbol{x}$ 的组成是 N 维实值的特征，满足

$$\boldsymbol{x}=[x_1,x_2,x_3,\cdots,x_N]^N \tag{1.26}$$

根据贝叶斯理论下的最小错误率可知，将 x 中的样本分为第 j 类，则此类便是满足 x 条件下的满足后验概率最大的模式类。此种方式下的决策过程为

$$x\rightarrow\omega_j,\quad \text{if } F(\omega_j)=\max_{k=1,\cdots,c} p(\omega_k\mid x) \tag{1.27}$$

式中，$p(\omega_k\mid x)$ 为第k 类的后验概率，且 $p(\omega_k\mid x)$ 满足$k\in\{1,2,3,\cdots,c\}$。由以上公式可知，若令 x 为算法的输出，则可将式(1.27) 表示为分类器融合的方式。若有 M 个分类器分别输出的结果为y_i，则得到此时的特征为 $\boldsymbol{y}=[y_1,y_2,y_3,\cdots,y_M]$，且可转化为

$$x\rightarrow\omega_j,\quad \text{if } F(\omega_j)=\max_{k=1,\cdots,c} P(\omega_k\mid y_1,y_2,y_3,\cdots,y_M) \tag{1.28}$$

由上述公式可知，$P(\omega_k\mid y_1,y_2,y_3,\cdots,y_M)$ 为模式中 M 个分类器输出结果y_i 的第 k 类后验概率。假设不同分类器之间具有独立性，根据

$$P(\omega_k\mid y_1,\cdots,y_M)=\frac{p(y_1,\cdots,y_M\mid\omega_k)\,p(\omega_k)}{p(y_1,\cdots,y_M)} \tag{1.29}$$

$$y\rightarrow\omega_j,\quad \text{if } F(\omega_j)=\max_{k=1,\cdots,c} P^{-(M-1)}(\omega_k)\prod_{i=1}^{M}P(\omega_k\mid y_i) \tag{1.30}$$

可得分类器乘法规则。

若 $p(\omega_k\mid x_i)=0$ 时，先验概率和后验概率近似相等，则可知

$$P(\omega_k\mid x_i)=P(\omega_k)(1+\delta_{ki}) \tag{1.31}$$

式中，δ_{ki} 接近 0，可得

$$y\rightarrow\omega_j,\quad \text{if } F(\omega_j)=\max_{k=1,\cdots,c}\left[(1-M)P(\omega_k)+\sum_{i=1}^{M}P(\omega_k\mid y_i)\right] \tag{1.32}$$

2. 基于稀疏表示理论的特征融合算法

一般地,基于稀疏表示理论的特征融合算法有如下特征:数据稀疏、数据量完备并需要尽可能少的原子对目标信号线性表示。即

$$\min \| x \|^0, \quad \text{s.t. } Ax = b \tag{1.33}$$

式中,$b \in \mathbf{R}^m$,$A \in \mathbf{R}^{m \times n}$。式(1.33) 表示,当 $x \in \mathbf{R}^n$ 时,最小化 x 的l_0 范数和 $Ax = b$ 最小,l_0 范数即可表示稀疏性。基于稀疏表示理论的特征融合算法可以对不同的特征字典提取联合稀疏矩阵,进一步进行特征融合。

3. 基于深度学习理论的特征融合算法

随着对深度学习的不断研究,特征融合方法也成为提高神经网络性能的主要手段。研究者发现,在神经网络提取的特征主要有如下的特点:浅层特征对图像的位置、细节、纹理等信息表达较好,特征分辨率高,但对图像整体语义表达较弱,图像噪声更多;深层特征恰恰相反,其具有高语义的特点,但其对图像的位置、细节、纹理等信息表达较差,特征分辨率低。按照特征融合和预测的先后次序,可将基于深度学习的特征融合方式分为早融合(early fusion) 和晚融合(late fusion)。

早融合大部分直接拼接某些层的特征并与其相加,图 1.13 和图 1.14 所示分别为拼接和相加方式的过程。相加结构中较为有代表性方式的网络为 FCN、Hypercolumns 等,相加后特征的通道数不变,有

$$Z_{\text{add}} = \sum_{i=1}^{c} (X_i + Y_i) * K_i = \sum_{i=1}^{c} X_i * K_i + \sum_{i=1}^{c} Y_i * K_i \tag{1.34}$$

式中,X_i 和Y_i 分别为不同输入通道数。

拼接结构较为有代表性方式的网络为 Inside — Outside Net(ION)、ParseNet 及 HyperNet 等,拼接后通道数会增加,有

$$Z_{\text{concat}} = \sum_{i=1}^{c} X_i + K_i + \sum_{i=1}^{c} Y_i * K_{i+c} \tag{1.35}$$

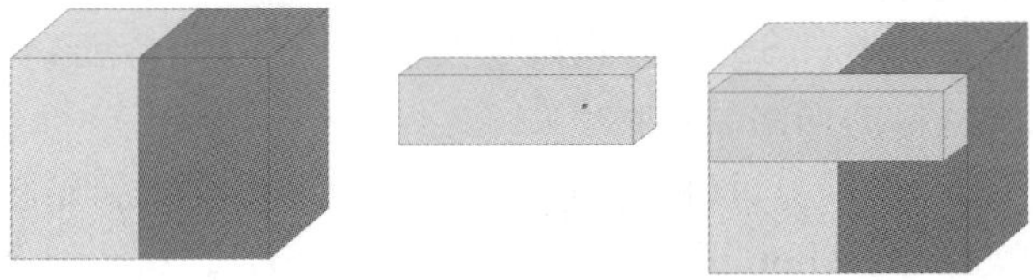

图 1.13　拼接方式的过程

还有研究者利用相关性分析的方法进行特征融合,包含典型相关分析法(canonical correlation analysis ,CCA)、判别相关分析法(discriminant correlation analysis ,DCA) 等方法[28]。CCA 和 DCA 都是利用特征间的相关

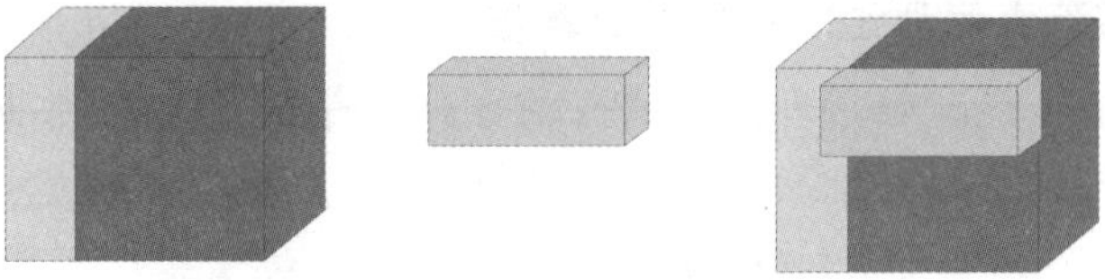

图 1.14　相加方式的过程

性进行特征融合,DCA 解决了 CCA 中忽略数据集中存在的类之间关系的问题,能够最大化不同特征集合中的相关关系和数据集中的不同类差异。DCA 特征融合过程如图 1.15 所示。

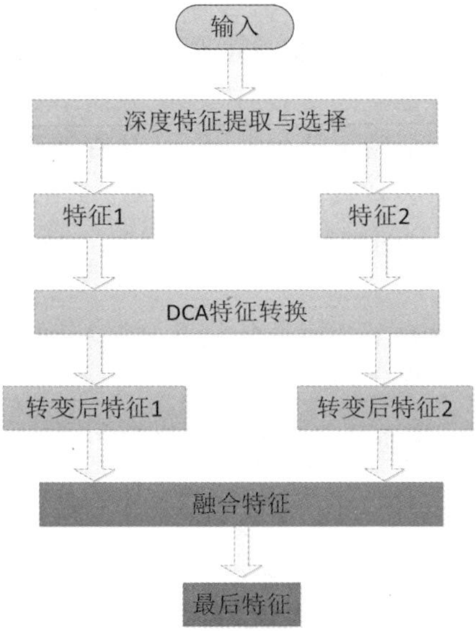

图 1.15　DCA 特征融合过程

晚融合大部分应用于目标检测与分割中,利用特征金字塔进行预测,代表网络为 YOLO 系列、U－Net 等网络结构,研究对 FPN 进行改进方法,如用特征融合单次多框检测器(FSSD) 方式进行特征融合[29]。特征金字塔广泛应用于识别不同尺度目标的网络结构(图 1.16)。

晚融合也可以对不同尺度的特征进行结果预测后再进行结果融合,如单步多框目标检测(single shot multibox detector,SSD)、多尺度卷积神经网络(multi-scale CNN,MS－CNN) 等。也有直接利用特征融合网络对特征进行融合,进而代替普通的特征融合网络,代表网络有 DenseNet 等。也有研究者探索不同层级特征间相互指导预测的方法,如先对深层特征进行预测,然后利用预测结果对浅层特征进行指导预测。

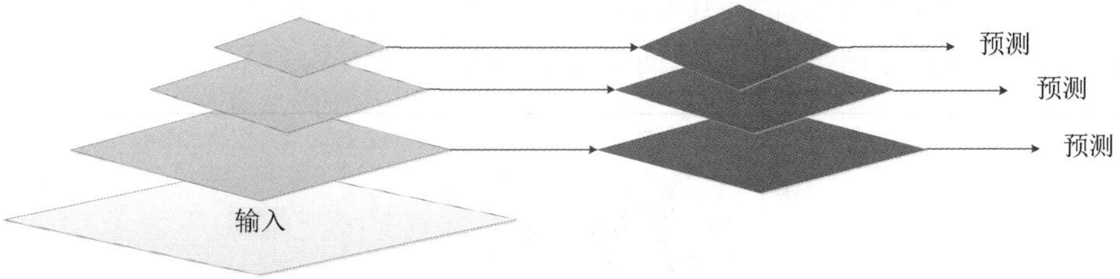

图 1.16　特征金字塔预测过程

1.3　视频目标跟踪方法的研究现状

目标跟踪的相关概念是在 20 世纪 50 年代由 Wan 等提出的，在研究者应用贝叶斯决策理论实现了目标跟踪技术后，目标跟踪受到研究者的广泛关注和深入研究，迅速成为计算机视觉领域中极具挑战的热点问题之一。对视频目标跟踪任务来讲，构造合适的目标外观模型至关重要。现有的视频目标跟踪方法按照目标外观模型的不同表示方式，可被分类为生成式方法、判别式方法及基于深度学习的目标跟踪方法。

1. 生成式方法

生成式方法将视频目标跟踪看作一个匹配问题或搜索目标最小重建误差的问题，通过构造并在线更新目标模板来适应跟踪环境的动态变化。典型的生成式方法如下。

基于均值漂移的目标跟踪算法分别计算目标区域和候选区域内像素的特征值概率密度，得到关于目标模型和候选样本的向量描述，利用相似函数度量初始帧目标模型和当前帧候选样本的相似性，选择使相似函数最大的候选样本得到目标模型的 Meanshift 向量，这个向量是目标由初始位置向正确位置移动的向量，通过不断迭代计算 Meanshift 向量，算法将最终收敛到目标的真实位置，从而达到跟踪的目的。均值漂移跟踪方法中 Meanshift 向量的迭代计算过程示意图如图 1.17 所示。Comaniciu 等[30] 提出了一种使用均值漂移实现非刚性对象跟踪的一种方法。该方法的中心模块是基于均值漂移的迭代计算，目标模板与候选样本之间的相似性计算基于 Bhattacharyya 系数。为克服基于 Bhattacharyya 系数或 Kullback－Leibler 散度的相似测度存在的不足，Yang 等[31] 在均值漂移跟踪框架中提出一种新的、更易计算的、更具判别性的相似性测度；Tu 等[32] 提出一种能够实现在线外观更新的生成式混合模型，以克服以往均值漂移算法中静态外观无法适应目标外观动态变化的问题；Du 等[33] 提出一种基于自适应块颜色直方图的均值漂移算法，该算法克服了传统均值漂移算法中颜色统计直方图没有考虑空间信息的不足。

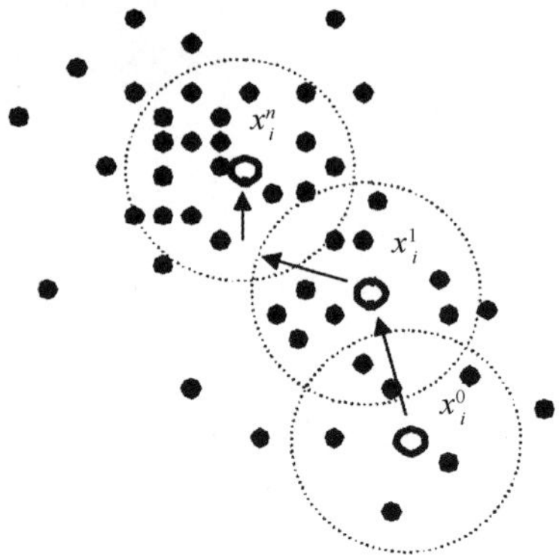

图 1.17　均值漂移跟踪方法中 Meanshift 向量的迭代计算过程示意图

协方差跟踪算法(covariance tracker)[34] 使用基于协方差矩阵的目标描述及基于黎曼流形的策略来跟踪非刚性目标，其中采用协方差矩阵的描述方式能够有效描述不同类型和模态的特征，更新策略能有效适应目标的外观变化。

粒子滤波(particle filter) 是基于蒙特卡洛的一种方法，它利用粒子集来近似概率分布，适合于解决具有非线性、非高斯约束的问题。其思想是通过在状态空间中寻找一组随机样本对概率密度函数进行近似，并以样本均值代替复杂的积分运算过程(图 1.18)。Kwon 等[35] 提出了一种基于分解的目标跟踪方法，该方法将粒子滤波跟踪中的观察模型分解为多个基本观察模型，同时将运动模型也分解为多个基本运动模型，并通过交互式马尔可夫链蒙特卡洛方法将这些基本模型集成为一个复合跟踪系统。Wang 等[36] 提出通过自适应融合多模态特征构造基于粒子滤波的动态外观模型的方法。该方法不仅使用粒子滤波进行目标搜索，而且使用粒子滤波估计各模态权值，从而实现一种在线动态更新多模态权值的方法。

增量子域表示方法[37] 是由 Ross 等在 2008 年提出来的，该方法通过递增学习一个低维子域来适应目标的外观变化。其中，模型更新采用递增的主成分分析，包括均值的更新和遗忘因子的选择。实验表明，该方法具有较好的跟踪性能。Wang 等[38] 提出了一种具有稀疏原形的在线跟踪方法。与增量子域表示方法相比，该方法借鉴了稀疏表示跟踪方法，直接对跟踪中的噪声、遮挡等建模，有效地提高了跟踪系统的性能。

按照文献[39]，基于稀疏表示的视频目标跟踪方法可划分为三类，即基于稀疏表示的外观表示、基于稀疏表示的目标搜索及基于二者的混合方法。

基于稀疏表示的外观表示的目标是通过稀疏表示形成候选样本及目标模

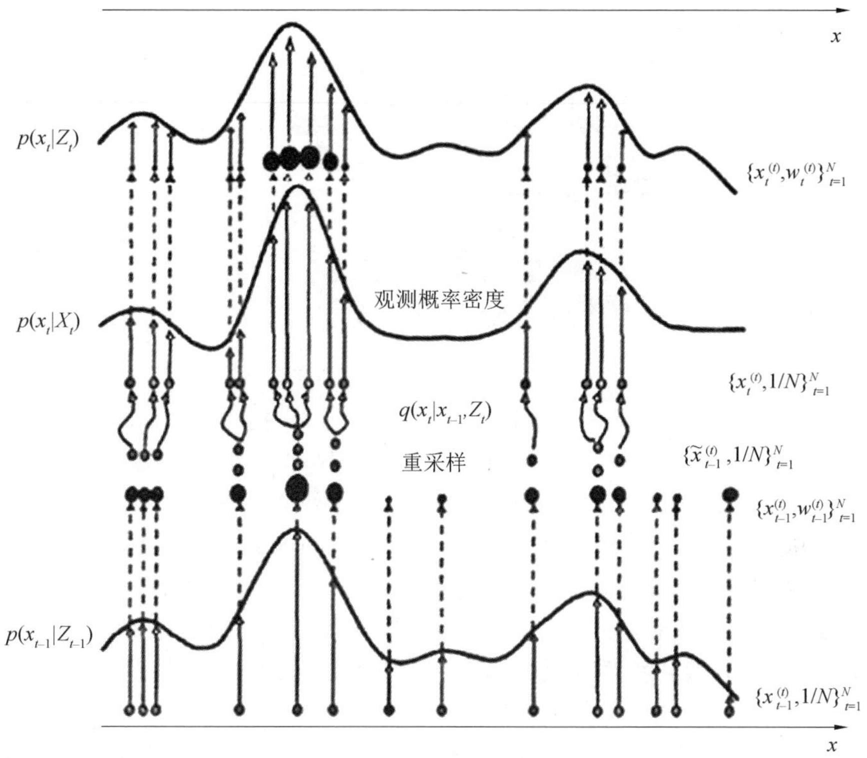

图 1.18　粒子滤波示意图

板的特征向量表示。基于稀疏表示的外观表示如图 1.19 所示，其特征向量的形成框架可划分为三级结构，即图像层(image layer)、编码层(coding layer)和池层(pooling layer)。其基本过程是：对于图像层中的一给定候选样本或目标模板 X，按照一定策略分成若干图像块；然后在编码层分别对每一图像块进行编码；最后在池层，形成所有分块的编码统计，得到候选样本或目标模板 X 的最终特征向量表示。

从图 1.19 中可以看到，基于稀疏表示进行目标外观表示的方法涉及以下两个问题：

(1) 编码层中目标模板的构成及更新；

(2) 池层中所有图像块的编码统计。

针对第一个问题，Wang 等[40] 考虑到 VOC2010 及 Caltech101 两个数据集与被跟踪对象具有相似结构，因此基于这两个数据集训练出一组目标模板。在该方法中，目标模板的选择是针对所有被跟踪对象的特征而训练的，忽略了不同跟踪任务的特点和差异。在此基础上，Liu 等[41] 针对特定跟踪任务，直接基于特定的目标图像训练目标模板。

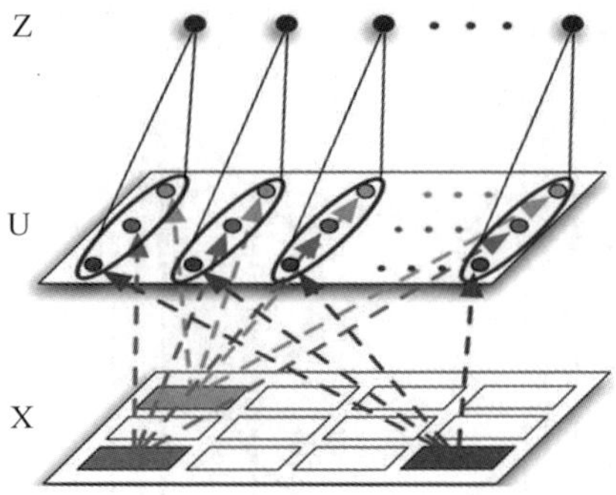

图 1.19　基于稀疏表示的外观表示

针对第二个问题，即编码统计问题，Wang 等[42] 提出了一种连接池方法。该方法将图像 X 中各图像块的局部编码顺次连接起来，形成图像 X 的特征向量表示。其缺点是：其一，该特征向量表示对于图像噪声较为敏感；其二，该特征向量表示会形成高维向量，从而造成后续过程计算复杂性的增加。而在 Wang 等[26] 提出的最大池方法中，图像 X 的每维特征值取自所有图像块相应目标模板的局部编码的最大值。相比于连接池方法，该方法不存在维数问题，并具有位置不变性和尺度不变性等优点，适合于目标识别，但由于其忽略了许多细节信息，因此不适合于目标跟踪应用。Zhang 等[43] 及 Liu 等[44] 使用一种平均池方法，即取图像 X 中各图像块相应目标模板的局部编码的平均值，得到图像 X 的最终特征向量表示。另外，Jia 等[45] 提出了一种对齐池方法。

基于稀疏表示的目标搜索是指直接将稀疏表示结果用于目标定位，即根据在线学习到的一组目标模板，搜索具有最小重建误差的候选样本。这种方法最初是由 Mei 等受基于稀疏表示的人脸识别方法[46] 启发而提出的一种目标跟踪方法[47]。该方法通过巧妙地引入一组 trivial 模板，有效地解决了跟踪过程中可能遇到的噪声、遮挡及其他图像损坏问题。每个 trivial 模板对应于某个单位矩阵中的一列，trivial 模板的个数及每个 trivial 模板的维数均等于被表示的候选样本的维数。该方法以其优越的跟踪性能迅速成为一种非常流行的跟踪方法。尽管如此，该方法仍然具有很大的改进和提升空间，包括精度和效率两个方面。在精度方面，Mei 等[47] 所提出的方法需求解具有 l_1 正则项的最小化问题，而 l_1 分解具有潜在的不稳定性，可以增加其他信息提高 l_1 分解的稳定性和可靠性。Mei 等提出的方法直接将下采样灰度图像的各列顺次连接得到其特征向量表示。复杂跟踪场景下，这种单独使用一种特征描述方式往往不能很好地区分目标与背景。Wu 等[48] 提出一种采用多种特征描述表示样本的跟踪方法。该方法将各特征描述向量依次连接，得到一个更长的特征向量表示。相比于单一特征描述方法，该方法能实现复杂场景下多特征间的互补，提高了跟踪精度。不同于 Mei 等提出的方法[47],Zhang 等[49] 提出一种基于多任务联合稀疏表示的目标跟踪方法,即 MTT,该方法对候选样本进行联合稀疏表示,以反映候选样本之间的潜在关联,使得跟踪系统更适于目标外观的各种复杂变化。Hong 等[50] 进一步提出了一种基于多任务多视联合稀疏表示的目标跟踪方法,该方法同时考虑到不同候选样本之间的潜在关联,以及不同特征之间的潜在关联,并通过构造一个统一的目标函数进行优化求解。在效率方面,为有效解决噪声、遮挡等问题,Mei 等[47] 提出的方法增加了 trivial 模板,且 trivial 模板的个数等值于候选样本的维数,因此造成求解每个 l_1 最小化问题时计算量增加。同时,该方法对每个候选样本均求解一次具有 l_1 正则项的最小化问题,而候选样本的数目通常可达数百个,这样也会造成计算复杂性的增加。因此,可以从降低求解每个 l_1 最小化问题的计算复杂量或减少需求解的 l_1 最小化问题的个数两个方面改进和提高该种跟踪方法的效率。在提高求解 l_1 最小化问题的效率方面,Liu 等[51] 提出了一种基于两阶段稀疏优化的快速跟踪方法,该方法认为在目标表示的高维特征中,只有部分特征具有判别力,能够将目标与背景区分开来。因此,通过两阶段稀疏表示达到最小化重建误差及降低特征维数、提高目标表示判别力的双重目的,提高求解 l_1 最小化问题的效率。Li 等[52] 提出了一种基于压缩感知的实时目标跟踪方法,该方法利用压缩感知的信号恢复能力,采用一个满足有限等距性质(restricted isometry property,RIP)的测量矩阵 $\boldsymbol{\varphi}$(随机高斯矩阵)降低候选样本及目标模板的特征维数,从而降低了求解每个 l_1 最小化问题的计算复杂性。Wu 等[53] 提出一种基于黎曼流形稀疏表示的目标跟踪方法,该方法采用协方差矩阵描述和表示候选样本及目标模板,并通过对数变换从黎曼流形空间变换到欧几里得(欧氏)空间进行稀疏求解。协方差矩阵描述不仅能够有效融合不同特征,而且是一种低维特征描述,能够降低稀疏求解的计算量。在减少需求解的 l_1 最小化问题数目方面,Mei 等提出一种基于最小错误界的快速 l_1 跟踪算法 L1APG[54],该方法采用线性最小平方方法快速计算最小错误界,用以降低粒子滤波框架下需进行稀疏求解的粒子数,即减少需求解 l_1 最小化问题的数量,提高系统效率。Zhuang 等[55] 提出在粒子滤波框架下,通过逆稀疏表示方法求解各粒子表示目标模板的稀疏表示系数,并去除表示系数为 0 的粒子,从而减少了需进一步稀疏求解的候选样本数。Zhang 等[56] 提出一种基于逆稀疏表示的跟踪方法,该方法将目标模板作为测试样本,将所有候选样本作为训练样本,将目标模板表示为所有候选样本的稀疏线性组合,最终将具有最大稀疏表示系数的候选样本确定为目标。该方法只需求解一次 l_1 最小化问题,因此大大提高了跟踪效率。Wang 等[57] 提出一种类似思想的跟踪方法,即将目标模板表示为候选样本的稀疏线性组合,只需求

解一次 l_1 最小化问题即可确定目标。不同于 Zhang 等的方法[56]，该方法引入一种局部加权距离测度，用以解决欧氏距离测度对遮挡和光照变化较为敏感的问题。

基于二者的混合方法是指联合基于稀疏表示的外观表示及基于稀疏表示的目标搜索的一种跟踪方法。例如，Zhong 等[58] 提出一种基于稀疏联合模型的目标跟踪方法。一方面，该方法采用基于稀疏表示的目标搜索方法确定候选样本的置信度；另一方面，采用基于稀疏表示的外观表示生成目标表示直方图，并采用直方图交差函数确定候选样本与目标模板的相似度。最后，该方法将两部分结果相乘确定目标，具有较为理想的跟踪效果。

2. 判别式方法

判别式方法又称基于检测的跟踪方法（tracking-by-detection），该类方法将目标跟踪看作两类别分类问题，通过采样合适的正负样本来构造和更新分类器。典型的判别式方法如下。

Avidan 等[59] 提出一种将 SVM 分类器融入基于光流的目标跟踪框架的方法，提高了基于光流的目标跟踪方法的跟踪性能。Williams 等[60] 采用基于支持向量机的回归方法实现目标跟踪。Tian 等[61] 提出一种基于在线增强 SVM 的目标跟踪方法。Bai 等[62] 提出一种基于弱监督排序 SVM 的目标跟踪算法，该方法使用 Laplacian 排序 SVM 进行目标定位，融入初始帧及最近几帧的标记信息以避免遮挡的影响及适应目标外观的波动，融入当前帧的弱标记信息以适应目标外观的较大变化。

Grabner 等[63] 提出了一种在线 Boosting 方法，该方法通过在线 AdaBoost 特征选择实现目标跟踪。在此基础上，Xu 等[64] 提出一种基于在线实值 Boosting，能够处理目标严重外观变化及遮挡场景的目标跟踪算法。Grabner 等[65] 进一步提出一种在线半监督 Boosting 方法，该方法使用半监督方式将给定先验与在线分类器进行组合决策，以避免跟踪过程中可能发生的跟踪漂移问题。

Babenko 等[66] 提出一种基于在线多示例学习的目标跟踪方法，即 MIT，该方法通过构造正负示例包来克服正负样本的模糊性，减少样本的标记偏差，提高了跟踪性能。在此基础上，Zeisl 等[67] 提出一种融合半监督学习和多示例学习的在线目标跟踪方法，该方法相较于单独使用半监督学习的跟踪方法或单独使用多示例学习的跟踪方法具有更好的跟踪性能。由于基于多示例学习的方法在学习过程中不能判别训练样本的重要性差异，因此不能判定最重要的正样本。基于此分析，Zhang 等[68] 提出一种基于在线加权多示例学习的实时目标跟踪方法，该方法假设分类器训练过程中，已知训练样本的重要性，并将样本的重要性融入在线学习过程之中。

Kalal 等提出的跟踪—学习—检测算法(TLD)[69] 采用跟踪与检测相结合的策略,能够对视频中的未知对象进行长期跟踪。TLD 的跟踪框架如图 1.20 所示,该跟踪系统包括跟踪、学习、检测三个模块。其中,跟踪模块用来确定帧与帧之间的动向;检测模块用来对每帧对象进行独立定位;学习模块用来对检测模块的目标模型进行更新。

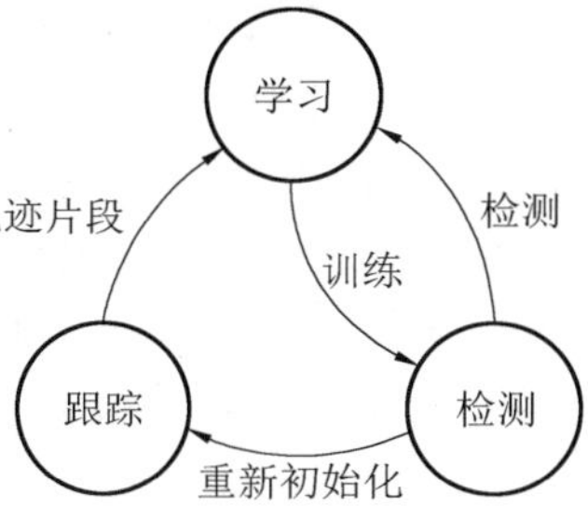

图 1.20　TLD 的跟踪框架

Zhang 等提出的 CT 方法[70] 采用一组数据无关基提取多尺度图像特征(其特征提取过程如图 1.21 所示),大大减少了特征维数,并采用朴素贝叶斯分类器进行分类;Li 等[71] 同样提出一种基于压缩感知实现特征提取的目标跟踪算法,该方法采样正负样本集,通过基于稀疏表示的分类方法进行目标定位。

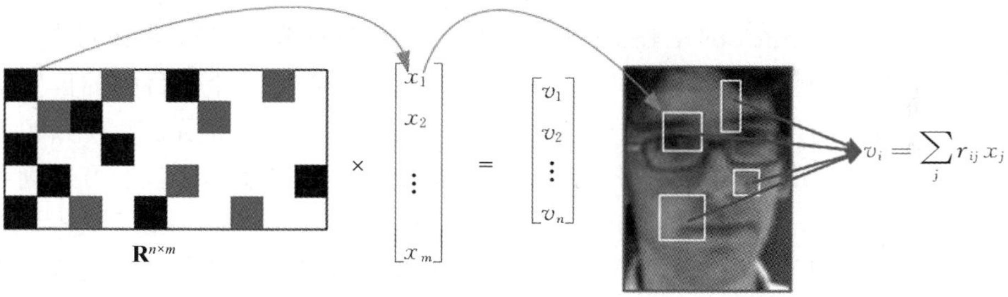

图 1.21　CT 跟踪方法中特征压缩示意图[71]

相关滤波的目标跟踪算法是基于回归的判别式模型的典型方法。Henriques 等提出的核相关滤波(kernel correlation filter,KCF)算法[72] 的核心思想是运用循环矩阵,通过快速傅里叶变换实现时域到频域的转换,大大提升了算法的速度。KCF 基于高斯核,而基于线性核的对偶的相关滤波器(dual correlation filter ,DCF)算法[73] 相较于 KCF 速度更快,精度稍差。Henriques 等在最小输出平方和误差滤波器(minimum output sum of squared error filter,MOSSE)算法[74] 的基础上提出基于循环结构核(circulant structure kernel,CSK）算法[75]，该算法称为核相关滤波算法，其主要的密集采样过程是通过循环移位实现的，而且低维线性空间映射到高维空间的过程运用核函数的方式，从而该算法总体上提高了相关滤波器的精确性和鲁棒性。由 Yang 等提出的比例自适应多特征（scale adaptive multiple feature，SAMF）算法[76]是基于 KCF 算法框架进行改进的，该算法融合了多种特征，如灰度特征、HOG 特征及 CN 特征等，并使用多尺度搜索策略用于目标跟踪算法。2015 年，Martin 等提出 SRDCF 算法[77]，该算法在原有相关滤波算法中引入空间正则化和 Gauss—Seidel 函数分别解决跟踪中出现的边界效应和滤波器求解问题。同年，Martin 等利用深度学习改进了 SRDCF 算法，提出 DeepSRDCF 算法[78]，该算法引入卷积特征后跟踪效果更优。次年，Martin 等提出了 SRDCFdecon 算法[79]，该算法在 SRDCF 算法的基础上加入样本策略和学习率策略，进一步改进 SRDCF 算法的效果。2016 年，Bertinetto 等提出的 Staple 算法[80]融合了多种不同形式的跟踪算法，根据融合互补因子对同一个回归框架进行算法融合，达到较好的跟踪效果。2017 年，Kiani 等提出的背景感知相关滤波（background-aware correlation filters，BACF）算法[81]在传统相关滤波算法框架的基础上进行扩展，增大循环矩阵的区域，从而增加了样本数量，并且采用上采样裁剪更有用的样本区域。2018 年，Li 等提出的时空正则相关滤波器（spatial-temporal regularized correlation filters，STRCF）算法[82]考虑了时间和空间关系，对目标的遮挡问题有较好的效果。判别式尺度空间跟踪（discriminative scale space tracker，DSST）是在 MOSSE 基础上的改进[83]，该算法在应对目标视频的尺度变化上，通过不同的滤波器用于跟踪目标的位置变化及跟踪目标的尺度变化，其中位置滤波器主要用于确定目标所在新视频帧的目标位置，尺度滤波器主要用于对目标所在新视频帧的尺度估计。学习连续卷积算子（learning continuous convolution operators，C－COT）跟踪算法[84]将深度特征引入相关滤波，以卷积神经网络为代表的深度特征具有更强大特征表达能力、泛化能力和迁移能力。高效卷积算子（ECO）跟踪算法[85]对 C－COT 算法进行了改进，从模型大小、样本集大小和更新策略三个方面分别加快速度。

3. 基于深度学习的目标跟踪方法

由于基于深度学习的目标跟踪方法强大的特征表征能力，近年来其发展较快。与生成式方法和判别式方法相比，基于深度学习的目标跟踪方法一般具有更好的跟踪性能。

Bertinetto 在 2016 年提出的全卷积孪生网络（fully-convolutional siamese networks，SiamFC）算法[86]采用孪生网络（siamese network）结构搭建跟踪主

框架，在大规模图像数据集 ILSVRC2015 上采用离线训练方式，训练出两图像间相似性度量函数，在跟踪过程中利用该模型选择与模板最相似的候选区域作为跟踪结果。Li 等在 2018 年采用 SiamFC 和区域建议网络来直接估计目标尺度[87]，提高了对目标跟踪的性能和效率。2018 年，Park 等提出的 Meta－tracker 算法[88]使用元学习方法有效提升了基于深度神经网络(deep neural networks，DNN)跟踪算法的性能。该算法的主要目的是学习模型网络的初始参数，训练则利用其他跟踪和检测数据库以及未来帧信息，从而在应对后续帧视频目标运动变化时能够表现出强大的鲁棒性，同时降低模型对当前帧的过拟合程度。2020 年，Wang 等提出与模型无关的元学习(model-agnostic meta-learning，MAML)跟踪器。该方法借鉴小样本学习和目标检测研究内容，提出一个简洁、统一、高效的框架，即目标检测与小样本学习结合的目标跟踪方法[89]。为解决训练数据不足问题，热孜亚·艾沙等提出一种基于元学习红外点状目标跟踪算法[90]，该算法将元学习应用于卷积神经网络以改进红外弱小跟踪问题，并能有效解决遮挡问题。Voigtlaender 等提出孪生区域卷积神经网络(siamese region convolutional neural networks，Siam R－CNN)再检测架构[91]。该算法发挥了目标检测方法在视觉目标跟踪中的作用，通过结合第一帧的模板信息和前一帧预测的重新检测结果，对被跟踪对象和潜在干扰对象的完整过程进行建模。

1.4 面临的挑战

可以说视频目标跟踪的研究与发展取得了许多令人瞩目的成就，然而面向进一步发展，视频目标跟踪仍面临许多挑战。

(1) 信息损失。

由于摄像过程是从三维空间到二维空间的投影，因此实际获得的视频或图像本身存在着信息损失。

(2) 场景中目标形变与尺度变化。

目标的外观变化在视频跟踪任务中较为常见，如摄像头前后移动或目标出现前后移动等情况。目标外观出现的较大变化并无规律性，对于某些跟踪算法，尤其对目标外观感知较低的跟踪算法，算法的描述能力变低，会出现跟踪失败的问题。

(3) 场景中目标被遮挡。

遮挡问题是视频目标跟踪任务中最为常见的问题，也是最难克服的问题。当目标处于被遮挡状态时，目标的特征提取不完整，甚至被遮挡物的特征影响，最终导致跟踪任务的失败。当出现大部分遮挡时，提取的特征大部分被遮挡物干扰。当目标消失在视野中时，跟踪器对目标的感知低，会导致完全跟踪失败的可能。

(4) 场景中目标受环境影响。

在某些场景中，目标受到环境的影响较大，主要是受到背景和光照的影响。当目标所处环境与目标本身有较多的相似时，可能会出现跟踪失败的问题，如背景与目标的颜色相同等情况。光照变化也会产生跟踪失败的问题，如光照使目标所在视频帧产生颜色变化等。

(5) 场景中目标快速移动。

在某些场景中，目标可能出现相邻两个视频帧之间位置相差大的问题，其原因可能是摄像头被快速移动或目标本身处于快速移动的状态。由于评价跟踪算法时对算法的实时性要求，大部分算法对目标搜索的范围进行了缩减，这样可能会导致跟踪失败。快速运动会导致视频出现模糊等情况，进而导致目标跟踪失败。

第2章　基于多模态特征的视频目标跟踪

2.1 引　言

视频目标跟踪是对给定视频图像序列进行分析和处理，从中找到被跟踪目标各种运动状态信息的过程。将被跟踪目标看作前景，将周围环境看作背景，视频目标跟踪也可认为将每帧的前景从背景中区分出来的过程。近年来，针对此项研究，人们提出了许多富有成效的跟踪算法。然而在复杂跟踪环境下，受各种因素的影响，实现健壮、稳定的目标跟踪仍极具挑战。

目前，解决视频目标跟踪问题有判别式和产生式两类方法。尽管两类方法代表不同的搜索策略，但无论哪种方法，都有赖于选择鲁棒、可靠的外观模型。设计合适的外观模型可以有效地提高目标跟踪性能。

设计合适外观模型实际上就是外观表示问题，也就是特征选择问题。在视频目标跟踪过程中，不同类型的特征具有不同特点，适合于不同的跟踪场景。

(1) 基于区域的特征（如全局灰度或全局纹理）具有较高的置信度，但在遮挡场景下性能不尽理想。

(2) 基于形状的特征能够精确地描述目标轮廓，但对噪声较为敏感，且不适于目标的快速运动。

(3) 显著点特征适合于遮挡场景，但对目标的外观变化较为敏感。由于跟踪场景复杂多变，因此单一使用一种模态特征往往不能很好地将目标与背景区分开来，从而带来跟踪偏差。为避免使用单一模态特征带来的问题，许多研究者采用融合多模态特征的外观表示方法。Wang 等[92] 在粒子滤波框架下，分别依据颜色（color）和边缘（edge）特征计算各候选样本与目标模板的相似度，然后通过计算二者的积来最终确定每个候选样本的观察概率。Spengler 等[93] 通过计算各特征（强度（intensity）和颜色（color））观察概率的加权和来计算候选样本的观察概率。Wu 等[94] 根据图模型来表示多模态特征间的关系，将目标跟踪问题转化为一个概率推理问题。Yin 等[95] 组合 CamShift 与粒子滤波算法，并采用多模态特征提高跟踪系统的跟踪性能。Liu 等[96] 将多模态特征融入

Mean－Shift 算法中，扩展了确定性搜索算法的应用范围。

基于稀疏表示的目标跟踪方法[54]是近年来比较流行的一种跟踪方法。在这种方法中，目标外观表示采用全局灰度特征，即将灰度图像上采样的每个候选样本或目标模板降采样到标准大小(如 32 × 32 像素)，然后将各列顺次连接得到每个样本的特征向量表示，并规范化到 l_2 单位长度(图 2.1)。这种特征在噪声及遮挡等场景下具有较为理想的跟踪性能，然而实验表明其对非刚性对象的形状变化、目标模糊等较为敏感。为克服上述单模态特征所带来的各种问题，Wu 等[48]提取每个候选样本或目标模板的多模态特征，将各模态特征向量顺次连接，得到该候选样本或目标模板的高维特征向量表示，然后采用与单模态特征稀疏表示[51,54]相同的方法，对每个候选样本进行稀疏表示。该方法是一种特征级融合的方法，与单模态方法相比，该方法融合多模态特征，具有更好的跟踪效果。但是这种简单地将多模态特征连接成高维特征向量的方法是不合适的，因为它强制各模态特征具有相同的稀疏表示系数，忽视了不同模态特征的不同统计特性，以及它们在样本表示上的显著性差异。

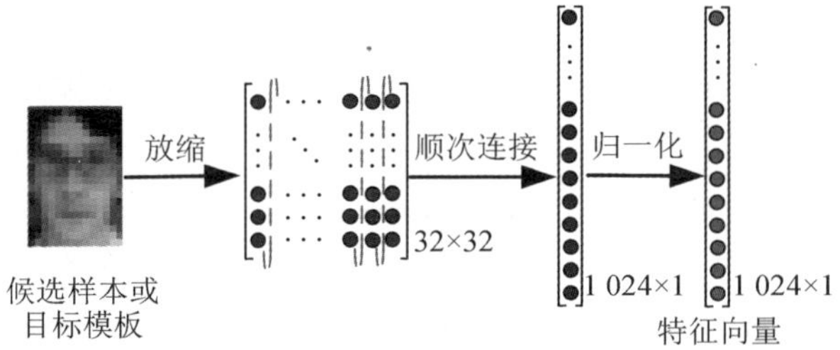

图 2.1　传统稀疏表示目标跟踪方法的特征向量表示

通过对前述多模态目标跟踪方法[95]的研究和分析，本节提出另外两种融合多模态特征的视频目标跟踪方法。

(1) 多模态特征分别稀疏表示目标跟踪。

认为候选样本的不同模态特征在目标表示上存在显著性差异，并相互独立，对候选样本的不同模态特征分别进行稀疏表示，使得不同模态特征具有各自的稀疏表示。然后计算不同模态特征的重建误差，并融合多模态结果计算每个候选样本的观察概率，估计和确定目标。

(2) 多模态特征联合稀疏表示目标跟踪。

认为候选样本的不同模态特征在目标表示上存在显著性差异，且相互间存在着依赖关联。对同一候选样本的不同模态特征进行联合稀疏表示，使它们共享相同的稀疏模式。

本章其他内容安排如下：2.2 节首先回顾基于稀疏表示的基本跟踪方法；2.3 节针对不同模态特征之间的差异，提出基于多模态分别稀疏表示的视频目标跟踪方法;2.4 节针对同一样本不同模态特征之间的联系和差异,提出基于多模态联合稀疏表示的目标跟踪方法;2.5 节对提出的两种目标跟踪方法在不同跟踪场景下进行测试,并给出实验结果及结果分析;2.6 节对整章内容进行总结。

2.2　基于稀疏表示的基本目标跟踪方法

本章方法是对基于稀疏表示的基本跟踪方法的改进,而基于稀疏表示的基本跟踪方法是基于粒子滤波框架的。因此,根据知识的演进和发展,本节首先对粒子滤波、稀疏表示及基于稀疏表示的基本目标跟踪方法进行回顾。

2.2.1　粒子滤波

粒子滤波[97] 是基于贝叶斯概率推理及蒙特卡洛方法(Monte Carlo method)的一种贝叶斯顺序重要性采样方法。该方法能够在不知后验概率密度函数具体形式的情况下,使用一组加权粒子来递归近似后验概率分布。

具体来讲,粒子滤波按照贝叶斯公式将后验概率密度函数的计算划分为预测和更新两个步骤。其中,预测是指在给定 t 时刻前所有目标观察$z_{1:t-1}=\{z_1, z_2, \cdots, z_{t-1}\}$ 的情况下,使用概率转移模型 $p(s_t \mid s_{t-1})$ 预测目标状态s_t 的后验概率分布,有

$$p(s_t \mid z_{1:t-1}) = \int p(s_t \mid s_{t-1}) p(s_{t-1} \mid z_{1:t-1}) \mathrm{d}s_{t-1} \tag{2.1}$$

更新是指在时刻 t,目标观察 z_t 可用,采用贝叶斯公式更新状态向量s_t 的后验概率分布,有

$$p(s_t \mid z_{1:t}) = \frac{p(z_t \mid s_t) p(s_t \mid z_{1:t-1})}{p(z_t \mid z_{1:t-1})} \tag{2.2}$$

结合式(2.1) 和式(2.2),可以看到后验概率 $p(s_t \mid z_{1:t})$ 的求解需要复杂的积分运算,在实际应用中很难实现。粒子滤波利用蒙特卡洛采样仿真方法,巧妙地采用一组带有权重的离散样本进行求解,即时刻 t 的后验概率可由 n 个带有权重的离散样本 $\{s_t^i\}_{i=1}^n$ 近似表示,有

$$p(s_t \mid z_{1:t}) \approx \sum_{i=1}^{n} w_t^i \delta(s_t - s_t^i) \tag{2.3}$$

式中,每个样本s_t^i 称为一个粒子,相应的归一化权值为w_t^i。粒子s_t^i 采样于某一重要性分布 $q(s_t \mid s_{1:t-1}, z_{1:t})$,其重要性权值可更新为

$$w_t^i = w_{t-1}^i \frac{p(z_t \mid s_t^i) p(s_t^i \mid s_{t-1}^i)}{q(s_t \mid s_{1:t-1}, z_{1:t})} \tag{2.4}$$

为避免退化，可按重要性权值进行重采样，以便产生一组权值相等的粒子。其基本过程是对 $p(s_t \mid z_{1:t})$ 进行 n 次采样，重新获得一组新粒子集，并将每个粒子设置为相等权值 $1/n$。作为粒子滤波的关键步骤，人们提出了许多重采样算法[98-102]。实际中为易于实现，$q(s_t \mid s_{1:t-1}, z_{1:t})$ 被设置为 $p(s_t^i \mid s_{t-1}^i)$，这样式(2.4) 可简化为

$$w_t^i = w_{t-1}^i p(z_t \mid s_t^i) \tag{2.5}$$

即粒子s_t^i 的权值w_t^i 由观察似然值 $p(z_t \mid s_t^i)$ 更新。

作为一种流行的目标跟踪框架，近年来粒子滤波得到了快速发展。若在粒子滤波框架下，采用不同方式计算候选样本的观察概率 $p(z_t \mid s_t)$，就会构成不同的跟踪方法。基于稀疏表示的目标跟踪方法就是一种在粒子滤波框架下，采用候选样本稀疏表示的重建误差 r 来计算其观察概率 $p(z_t \mid s_t)$ 的跟踪方法。下面介绍稀疏表示及基于稀疏表示的目标跟踪过程。

2.2.2 稀疏表示

Donoho 在 2006 年给出的研究结论是，稀疏表示是一个经过维数约简过程，精确恢复高维稀疏向量的问题。通俗地讲，就是求解某一信号 y 关于某一过完备系统$\boldsymbol{A}$ 的稀疏系数向量$\boldsymbol{c} = (c_i)_{i=1}^n \in \mathbf{R}^n$ 的问题，在数学上，可被精确地描述为

$$\min \|\boldsymbol{c}\|_0, \quad \text{s.t. } y = \boldsymbol{Ac} \tag{2.6}$$

式中，$\boldsymbol{A}$ 又称测量矩阵或感知矩阵。由于 l_0 范型

$$\|\boldsymbol{c}\|_0 = \#\{i : c_i \neq 0\} \tag{2.7}$$

表示稀疏系数向量$\boldsymbol{c}$ 的非零元个数，是一种非凸范型，因此式(2.6) 所示的 l_0 优化是一个 NP 难组合优化问题。除穷举搜索方法外，没有其他更优、更高效的办法求解其全局最优解。作为与 l_0 最接近的凸范型，l_1 范型

$$\|\boldsymbol{c}\|_1 = \sum_{i=1}^{n} |c_i| \tag{2.8}$$

能够导致稀疏，因此用来代替式(2.6) 中的 l_0 范型，有

$$\|\boldsymbol{c}\|_1, \quad \text{s.t. } \boldsymbol{y} = \boldsymbol{Ac} \tag{2.9}$$

在允许测量误差情况下，式(2.9) 中的最小化问题可修改为

$$\|\boldsymbol{c}\|_1, \quad \text{s.t. } \|\boldsymbol{y} - \boldsymbol{Ac}\|_2 \leqslant \varepsilon \tag{2.10}$$

式中，ε 为允许的误差量，$\varepsilon > 0$。在选定参数 $\gamma > 0$ 的情况下，前述优化问题可通过非约束问题近似求解，即

$$\min_{\boldsymbol{c}} \frac{1}{2} \|\boldsymbol{y} - \boldsymbol{Ac}\|_2^2 + \gamma \|\boldsymbol{c}\|_1 \tag{2.11}$$

式(2.11) 可通过 APG 算法求解，详见算法 2.1。

算法 2.1：APG 算法。

输入：信号 y，过完备系统 $\boldsymbol{A}$，正则参数 λ 和步长 μ。
输出：信号 y 的稀疏表示系数向量 $\boldsymbol{c}$。
1.初始化 v_0 和 w_0，设置 $\alpha_0=1, t=1$。
2.反复执行如下步骤直至收敛：
(1) $w_{t+1}=v_t-\eta[-\boldsymbol{A}^{\mathrm{T}}\boldsymbol{y}+\boldsymbol{A}^{\mathrm{T}}\boldsymbol{A}v_t]$；
(2) $w_{t+1}=\left[1-\dfrac{\lambda\eta}{\| w_{t+1}\|_2}\right]_+ w_{t+1}$；
(3) $\alpha_{t+1}=\dfrac{2}{t+3}$；
(4) $v_{t+1}=w_{t+1}+\dfrac{(1-\alpha_t)\alpha_{t+1}}{\alpha_t}(w_{t+1}-w_t)$；
(5) $t=t+1$。
3.输出 w_t 为优化求解式(2.11)所得的稀疏表示系数向量 $\boldsymbol{c}$，其中 $[x]_+=\max(0,x)$。

2.2.3　基于稀疏表示的基本目标跟踪方法

Mei 等提出的基于稀疏表示的目标跟踪方法[47]的基本过程为：首先在第一帧检测或人工标记出目标位置，并围绕目标位置采样一组样本构成初始目标模板集(字典) $\boldsymbol{T}=[T_1,T_2,\cdots,T_m]$，其中 $T_i\in\mathbf{R}^d$；然后从时刻 $t=2$ 起，对采样的某一候选状态 s_t，其外观表示为 $y_t\in\mathbf{R}^d$，通过式(2.11)求解其关于目标模板集 $\boldsymbol{T}$ 的稀疏系数向量 $\boldsymbol{c}$。考虑到跟踪过程中可能受到的噪声、遮挡等影响因素，将一组 trivial 模板 $\boldsymbol{I}$ 引入到目标模板集 $\boldsymbol{T}$ 中，得到 $[\boldsymbol{TI}]$，其中 $\boldsymbol{I}\in\mathbf{R}^{d\times d}$，是 $d\times d$ 的单位矩阵，每列 $I_i\in\mathbf{R}^d$ 只有一个非零元。这样，式(2.11)可扩展为

$$\min_{\alpha}\frac{1}{2}\|\boldsymbol{y}_t-\boldsymbol{A}\boldsymbol{\alpha}_t\|_2^2+\gamma\|\boldsymbol{\alpha}_t\|_1 \tag{2.12}$$

式中，$\boldsymbol{A}$ 为扩展遮挡模板 $\boldsymbol{I}$ 后的目标模板集，$\boldsymbol{A}=[\boldsymbol{TI}]$；$\boldsymbol{\alpha}_t$ 为相应的稀疏表示系数向量，有

$$\boldsymbol{\alpha}_t=\begin{bmatrix}\boldsymbol{c}_t\\ \boldsymbol{e}_t\end{bmatrix}$$

其中，$\boldsymbol{c}_t$ 对应目标模板集 $\boldsymbol{T}$；$\boldsymbol{e}_t$ 对应于 trivial 模板集 $\boldsymbol{I}$。

优化求解式(2.12)所得解可用来计算目标模板 $\boldsymbol{T}$ 重建候选样本 $\boldsymbol{y}_t$ 的重建

误差$\boldsymbol{r}_t$，即

$$\boldsymbol{r}_t = \|\boldsymbol{y}_t - \boldsymbol{T}\boldsymbol{c}_t\|_2^2 \tag{2.13}$$

其反映了候选样本与目标模板之间的相似性，值越小，表示候选样本与目标模板越相似。重建误差$\boldsymbol{r}_t$用来计算候选样本 $\boldsymbol{y}$ 的观察概率 $P(z_t \mid s_t)$，即

$$P(z_t \mid s_t) = C \cdot \mathrm{e}^{-r_t} \tag{2.14}$$

式中，C 为归一化常量。

2.3 多模态特征分别稀疏表示目标跟踪方法

2.3.1 多模态特征分别稀疏表示目标跟踪框架

2.2.3 节给出的基于稀疏表示的基准目标跟踪方法基于单模态强度特征，在粒子滤波框架下，采用稀疏表示计算每个候选样本与目标模板的相似度，并通过巧妙地引入一组 trivial 模板来解决跟踪过程中所遇到噪声、遮挡等问题，实现目标的健壮跟踪。然而由于跟踪过程中，受到光照变化、姿势变化、杂波背景等复杂因素的影响，前述单模态方法不能很好地区分目标和背景，因此会带来跟踪偏差。文献[103-104]表明，采用多模态特征，可以实现跟踪过程中多模态特征间的互补，提高跟踪精度。

不同模态特征具有不同特点，如常用的基于区域的方法采用灰度、色彩及纹理等特征取得了非常好的效果，但当发生目标遮挡时，跟踪效果将受到很大的影响。特征点可以有效解决目标遮挡问题，但易受目标旋转等因素的影响。基于形状特征的方法非常敏感，易受图像中出现的细微变化的影响。为反映不同模态特征在目标表示上的显著性差异，本节提出了一种基于多模态特征分别稀疏表示的目标跟踪方法，在每个时刻(每帧)提取每个候选样本的多模态特征，并对每个模态分别进行稀疏表示，然后融合所有模态的稀疏表示系数，计算每个候选样本的重建误差和观察概率，进而估计和确定目标。以两模态特征(特征 1 和特征 2)为例，基于多模态特征分别稀疏表示的目标跟踪框架如图 2.2 所示。

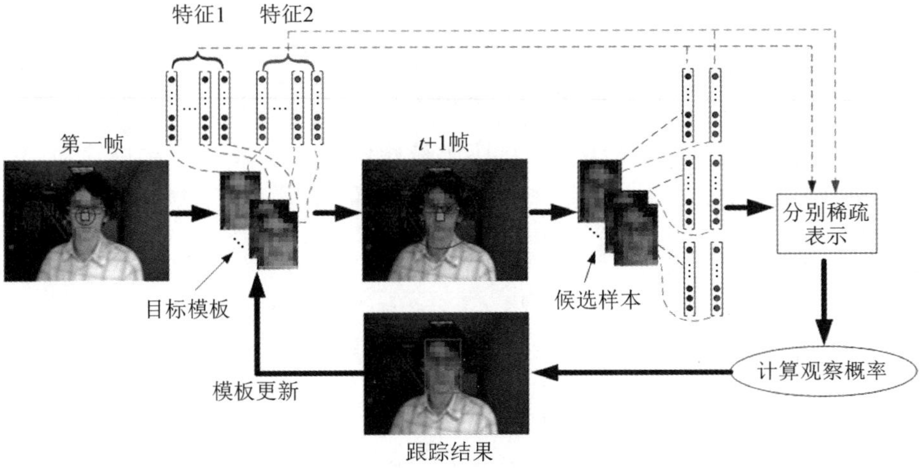

图 2.2　基于多模态特征分别稀疏表示的目标跟踪框架

2.3.2　多模态特征分别稀疏表示

视频目标跟踪系统的目标是在一组候选样本中估计出目标。从前述跟踪框架中可以看到，其关键是准确地计算每个候选样本的观察概率。基于多模态特征分别稀疏表示的目标跟踪算法计算每个候选样本各模态特征的稀疏表示系数，然后计算各模态特征的重建误差，将它们累加求和计算每个候选样本的观察概率。下面将详述多模态特征分别稀疏表示的策略。

指定 s 表示跟踪过程中的一个候选状态，y 为其外观表示，$y^k \in \mathbf{R}^{d_k}(k=1,2,\cdots,K)$ 表示 y 的第 k 种模态特征，其维数为 d_k。指定 $\boldsymbol{T}=\{T_1,T_2,\cdots,T_J\}$ 表示由 $T_j(j=1,2,\cdots,J)$ 个目标模板构成的目标模板集，提取目标模板集 $\boldsymbol{T}$ 中各目标模板的第 k 种模态特征构成第 k 种模态特征的目标模板集 $\boldsymbol{T}^k=[T_1^k,T_2^k,\cdots,T_J^k]\in\mathbf{R}^{d_k\times J}$，其中 T_j^k 是 T_j 的第 k 种模态特征。

基于多模态特征分别稀疏表示的目标跟踪方法对每个候选样本进行多模态特征分别稀疏表示，即对候选样本 y 的各模态特征 y^k 相应于对应模态的目标模板集 T^k 分别进行稀疏求解，有

$$\min_{\boldsymbol{c}^k}\frac{1}{2}\|\boldsymbol{y}^k-\boldsymbol{T}^k\boldsymbol{c}^k\|_2^2+\gamma\|\boldsymbol{c}^k\|_1,\quad k=1,2,\cdots,K \tag{2.15}$$

式中，$\boldsymbol{c}^k$ 表示 $\boldsymbol{y}^k$ 对应于目标模态集 $\boldsymbol{T}^k$ 的稀疏表示向量，$\boldsymbol{c}^k=[c_1^k,c_2^k,\cdots,c_J^k]^{\mathrm{T}}$，$c_i^k$ 对应于目标模板 $T_i^k(i=1,2,\cdots,J)$。

这样，求解式(2.15)中的 K 个目标函数，即可获得候选样本 y 的各模态特

征$\{\boldsymbol{y}^k\}_{k=1}^K$的稀疏表示系数$\{\boldsymbol{c}^k\}_{k=1}^K$。

考虑到跟踪过程中可能发生的噪声、遮挡等情况对各模态特征均会造成影响，因此向各模态目标模板集$\boldsymbol{T}^k$中分别引入一组trivial模板$\boldsymbol{I}^k$，$\boldsymbol{I}^k$为$d_k \times d_k$单位矩阵，其中每列为一遮挡模板，对应于被跟踪目标的各个像素位置。引入trivial模板$\boldsymbol{I}^k$后，候选样本$\boldsymbol{y}$的K模态特征$\{\boldsymbol{y}^k\}_{k=1}^K$可通过求解$K$个目标函数获得的稀疏表示系数向量表示，即

$$\min_{\boldsymbol{\alpha}^k} \frac{1}{2} \| \boldsymbol{y}^k - \boldsymbol{A}^k \boldsymbol{\alpha}^k \|_2^2 + \gamma \| \boldsymbol{\alpha}^k \|_1, \quad k = 1, 2, \cdots, K \tag{2.16}$$

其中

$$\boldsymbol{A}^k = [\boldsymbol{T}^k \quad \boldsymbol{I}^k]$$

表示扩展trivial模板$\boldsymbol{I}^k$之后的第k模态目标模板集；$\boldsymbol{\alpha}^k$为扩展之后相应的稀疏表示系数向量，有

$$\boldsymbol{\alpha}^k = \begin{bmatrix} \boldsymbol{c}^k \\ \boldsymbol{e}^k \end{bmatrix}$$

式中，$\boldsymbol{c}^k$对应于目标模板集$\boldsymbol{T}^k$；$\boldsymbol{e}^k$对应于trivial模板集$\boldsymbol{I}^k$。

设优化求解式(2.16)获得候选样本$\boldsymbol{y}$的K模态特征$\{\boldsymbol{y}^k\}_{k=1}^K$的稀疏表示系数为$\{\boldsymbol{\alpha}^k\}_{k=1}^K$，则候选样本$\boldsymbol{y}$与目标模板$\boldsymbol{T}$的相似性可通过重建误差

$$\boldsymbol{r} = \sum_{k=1}^{K} \boldsymbol{r}^k \tag{2.17}$$

计算，其中

$$\boldsymbol{r}^k = \| \boldsymbol{y}^k - \boldsymbol{T}^k \boldsymbol{c}^k \|_2^2 \tag{2.18}$$

表示$\boldsymbol{y}$的第k模态特征$\boldsymbol{y}^k$的重建误差。进一步根据式(2.14)可计算候选状态s的观察概率$P(z \mid s)$，其中z为目标外观。

给定一组候选样本$\{y_{(1)}, y_{(2)}, \cdots, y_{(N)}\}$，具有最大观察概率的候选样本被确定为目标，有

$$\hat{i} = \arg\max_i P(z_t \mid s_{(t,i)}) \tag{2.19}$$

算法 2.2：基于多模态特征分别稀疏表示目标跟踪算法。

输入：待跟踪视频图像序列。

输出：被跟踪目标各时刻状态$\hat{x}_t$($t=1,2,\cdots$)。

步骤 1：初始化。

(1) 在第 1 帧手工标记目标的初始状态$\hat{x}_0$；

(2) 在初始位置$\hat{x}_0$附近采样一组样本，构造目标模板集 $\boldsymbol{T}=\{T_1,T_2,\cdots,T_J\}$，提取目标模板集中各目标模板的 K 模态特征，获得各模态特征的目标模板集$\boldsymbol{T}^k$($k=1,2,\cdots,K$)。

步骤 2：从第 2 帧开始，不断执行下列各步，直至最后一帧。

(1) 时刻 t(第 t 帧)，在前一帧目标位置$\hat{x}_{(t-1,0)}$周围，根据零均值高斯分布采样 N 个候选样本$x_{(t,1)},x_{(t,2)},\cdots,x_{(t,N)}$；

(2) 提取每个候选样本$x_{(t,i)}$($i=1,2,\cdots,N$)的 K 模态特征，获得对应模态特征向量表示$y_{(t,i)}^k$($k=1,2,\cdots,K$)；

(3) 根据式(2.16)，分别稀疏表示 $y_{(t,i)}$($i=1,2,\cdots,N$) 的 K 模态特征 $\{y_{(t,i)}^k\}_{k=1}^K$，获得对应模态的稀疏表示系数$\{\alpha_{(t,i)}^k\}_{k=1}^K$($i=1,2,\cdots,N$)；

(4) 根据式(2.17) 和式(2.18)，计算每个候选目标$y_{(t,i)}$($i=1,2,\cdots,N$) 的重建误差，并进一步根据式(2.14) 计算其观察概率 $P(z_t \mid s_{(t,i)})$；

(5) 根据式(2.19)，估计第 t 帧的目标位置；

(6) 根据 2.3.3 节，更新目标模板集 $\boldsymbol{T}$。

2.3.3　多模态分别稀疏表示的模板更新

在目标跟踪过程中，由于受到目标姿势、形状变化，亮度变化，噪声及遮挡等因素的影响，目标外观可能发生变化，因此有必要对目标模板集进行更新以适应目标外观的动态变化。本节在设计更新策略时，考虑了以下三个因素：

(1) 一般情况下，由于跟踪的连续性和一致性，因此连续帧的目标外观变化不大；

(2) 受到姿势变化、遮挡等因素影响，目标外观可能变化很大；

(3) 第 1 帧的目标状态是唯一确定正确的。

综合以上三点，采用一种简单的更新策略。

(1) 将第 1 帧手工标记的目标作为目标模板集中第 1 个目标模板T_1，不更新。

(2) 从第 $t=2$ 帧开始，在确定目标 $\hat{y}$ 后，判断与其对应的候选目标$y_{(t,i)}$ 的

观察概率 $P(z_t \mid s_{(t,i)})$。若 $P(z_t \mid s_{(t,i)})$ 大于某个给定阈值 τ，则用 $\hat{y}$ 替代除第 1 个目标模板（第 1 个目标模板 T_1 不更新）外的最差目标模板 T_j，有

$$j = \arg\min_{l} \sum_{k=1}^{K} c_{(t,l)}^{k} \tag{2.20}$$

否则，不更新。

2.3.4 基于多模态分别稀疏表示的目标跟踪算法

结合图 2.2 给出的基于多模态特征分别稀疏表示的目标跟踪框架及 2.3.2 节给出的采用多模态特征分别稀疏表示计算每个候选样本观察概率的方法，算法 2.2 给出了基于多模态特征分别稀疏表示的目标跟踪算法。

2.4 多模态特征联合稀疏表示的目标跟踪方法

2.4.1 多模态特征联合稀疏表示目标跟踪框架

2.3 节中，多模态特征分别稀疏表示的目标跟踪算法考虑到不同模态特征之间在目标表示上的显著性差异，对各模态特征分别进行稀疏表示，然后融合各模态结果估计目标。实验结果表明，该方法相比于单模态方法具有更好的跟踪效果。然而，该方法仅考虑候选样本各模态特征之间的显著性差异，忽视了各模态特征属于同一候选样本的关联。Yuan 等[105] 提出一种基于多任务联合稀疏表示的分类方法，为提高分类精度，该方法提取测试样本的多模态特征，并提取训练样本集中各训练样本的多模态特征构造各模态训练样本集。考虑到测试样本的各模态特征属于同一样本的关联，测试样本的多模态特征共享一组训练样本，具有相同的稀疏模式，因此受多任务稀疏线性回归模型的启发，对测试样本的多模态特征进行联合稀疏表示，提高了测试样本的表示精度。实验表明，该方法能够提高分类系统的分类精度。对基于稀疏表示的目标跟踪系统来说，影响其精度的重要因素是候选样本的稀疏表示精度。受文献[105]的启发，本节提出对候选样本的多模态特征进行联合稀疏表示。一方面，其使候选样本的不同模态特征具有自己的稀疏表示，而不是强制它们具有相同的稀疏表示，从而捕捉不同模态特征在目标表示上的差异；另一方面，通过强加 $l_{2,1}$ 混合范型正则项，捕捉同一候选样本不同模态特征之间的关联关系，从而提高候选样本的表示精度，进而提高整个系统的跟踪精度。具体来讲，该方法提取每个候选样本的多模态特征，对同一候选样本的多模态特征进行联合稀疏表示，得

到各模态稀疏表示系数;然后计算各模态特征的重建误差,累加求和计算各候选样本的总重建误差,并据此计算各候选样本的观察概率,估计和确定目标。多模态特征联合稀疏表示目标跟踪框架如图 2.3 所示。

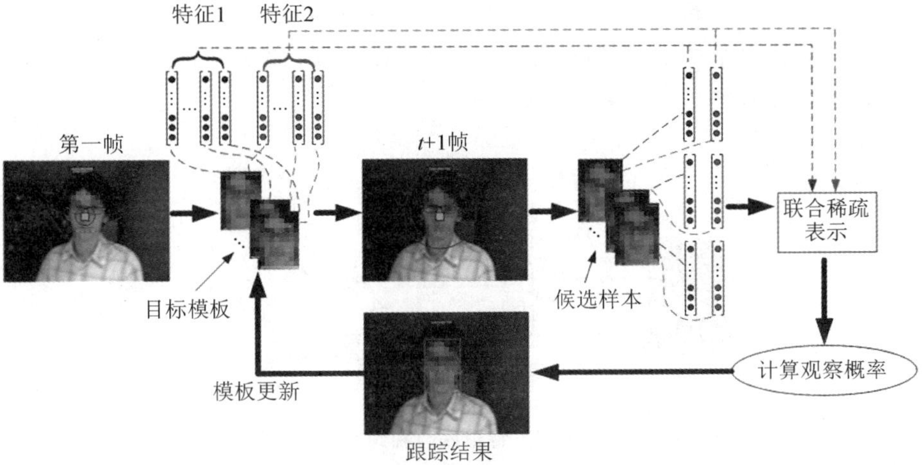

图 2.3　多模态特征联合稀疏表示目标跟踪框架

2.4.2　多模态特征联合稀疏表示

对比图 2.2 和图 2.3,可以发现二者之间的差别在于:多模态特征联合稀疏表示目标跟踪方法对候选样本的多模态特征进行联合稀疏表示,即不仅考虑候选样本不同模态特征在目标表示上的显著性差异,而且考虑它们属于同一候选样本的关联。本节给出多模态特征联合稀疏表示过程。

在上节多模态特征分别稀疏表示的目标跟踪算法中,候选样本 $\boldsymbol{y}$ 的第 k 模态特征 $\boldsymbol{y}^k$ 可以表示为相应第 k 模态特征目标模板集 $\boldsymbol{T}^k$ 的线性组合,有

$$\boldsymbol{y}^k=\boldsymbol{T}^k\boldsymbol{c}^k,\quad k=1,2,\cdots,K \tag{2.21}$$

式中,$\boldsymbol{c}^k$ 表示 $\boldsymbol{y}^k$ 相应于 $\boldsymbol{T}^k$ 的表示向量,$\boldsymbol{c}^k=[c_1^k,c_2^k,\cdots,c_J^k]^{\mathrm{T}}$,$c_j^k(j=1,2,\cdots,J)$ 为对应于 T_j^k 的表示系数。指定 $\boldsymbol{c}_j=[c_j^1,c_j^2,\cdots,c_j^K]$,则 $\boldsymbol{c}_j$ 表示由目标模板 $\boldsymbol{T}_j$ 表示候选样本 $\boldsymbol{y}$ 各模态特征的系数向量。指定

$$\boldsymbol{C}=[\boldsymbol{c}^1\quad \boldsymbol{c}^2\quad \cdots\quad \boldsymbol{c}^K]=\begin{bmatrix}\boldsymbol{c}_1\\ \boldsymbol{c}_2\\ \vdots\\ \boldsymbol{c}_J\end{bmatrix}\in \mathbf{R}^{J\times K}$$

表示由候选样本 $\boldsymbol{y}$ 各模态特征 $\{\boldsymbol{y}^k\}_{k=1}^K$ 系数向量 $\{\boldsymbol{c}^k\}_{k=1}^K$ 构成的系数矩阵,其中

第 k 列和第 j 行分别对应于前述的$\boldsymbol{c}^k$和 $\boldsymbol{c}_j$。

Yuan 等[105] 提出的多任务联合稀疏表示分类方法认为每个测试样本的各模态特征之间存在关联,共享一组训练样本。这组训练样本对应于测试样本系数矩阵的一组非零行,即系数矩阵具有组稀疏的特征。同样,在跟踪场景下(图 2.4),候选样本的不同模态特征之间也存在关联,共享一组目标模板,其系数矩阵 $\boldsymbol{C}$ 也呈现组稀疏的特征。

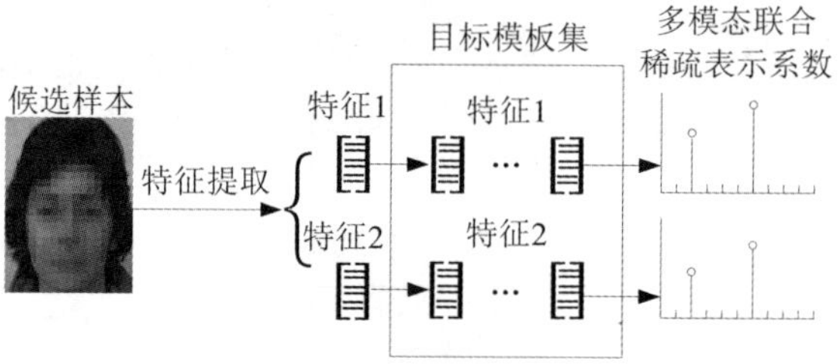

图 2.4　多模态特征联合稀疏表示示意图

由于矩阵的 $l_{2,1}$ 混合范型计算为矩阵各行 2 范型之和,因此以其对候选样本系数矩阵进行约束,能够产生联合稀疏。这样对候选样本的多模态特征进行联合稀疏表示,可在求解式(2.21) 所示的 K 个线性组合问题时,为其添加关于系数矩阵 $\boldsymbol{C}$ 的 $l_{2,1}$ 混合范型正则项来实现,即构造的目标函数,有

$$\min_{\boldsymbol{C}} \frac{1}{2}\sum_{k=1}^{K} \|\boldsymbol{y}^k - \boldsymbol{T}^k\boldsymbol{c}^k\|_2^2 + \lambda \|\boldsymbol{C}\|_{2,1} \tag{2.22}$$

式中,λ 为平衡重建误差与稀疏性的折中参数。该目标函数由前后两项构成:第一项为各模态特征重建误差之和,对应于式(2.21) 所示的 K 个线性组合问题;第二项

$$\|\boldsymbol{C}\|_{2,1} = \sum_{j=1}^{J} \|\boldsymbol{c}_j\|_2$$

为添加的能够导致系数矩阵联合稀疏的$l_{2,1}$ 混合范型正则项。假使正则项选择l_1 范型,则对应的目标函数为

$$\min_{\boldsymbol{C}} \frac{1}{2}\sum_{k=1}^{K} \|\boldsymbol{y}^k - \boldsymbol{T}^k\boldsymbol{c}^k\|_2^2 + \lambda \|\boldsymbol{C}\|_1 \tag{2.23}$$

这种情况下,由于矩阵的l_1 范型计算为分量绝对值之和,因此式(2.23) 等价于式(2.16),即等价于对候选样本的多模态特征分别进行稀疏表示。由此可见,关于系数矩阵的$l_{2,1}$ 混合范型对候选样本的联合稀疏表示至关重要。

同样,考虑到跟踪过程中可能出现的噪声和遮挡等问题,分别向各模态特征对应的目标模板集 $\boldsymbol{T}^k$ 中引入一组 trivial 模板 $\boldsymbol{I}^k \in \mathbf{R}^{d\times d}$。指定 $\boldsymbol{A}^k = [\boldsymbol{T}^k \quad \boldsymbol{I}^k] \in \mathbf{R}^{d\times(J+d)}$ 表示扩展之后第 k 种模态特征的目标模板集。当发生遮挡时，由于被跟踪目标同一位置的不同模态特征均会受到影响，因此应激活对应位置不同模态的所有遮挡模板，即与 trivial 模板对应的系数矩阵也具有联合稀疏特征。这样，对与 trivial 模板对应的系数矩阵也强加能够导致联合稀疏的 $l_{2,1}$ 混合范型正则项，式(2.23) 可扩展为

$$\min_{\boldsymbol{\Gamma}} \frac{1}{2}\sum_{k=1}^{K} \|\boldsymbol{y}^k - \boldsymbol{A}^k\boldsymbol{\alpha}^k\|_2^2 + \lambda \|\boldsymbol{\Gamma}\|_{2,1} \tag{2.24}$$

其中

$$\|\boldsymbol{\Gamma}\|_{2,1} = \sum_{j=1}^{J+d} \|\boldsymbol{\alpha}_j\|_2$$

而

$$\boldsymbol{\Gamma} = [\boldsymbol{\alpha}^1 \quad \boldsymbol{\alpha}^2 \quad \cdots \quad \boldsymbol{\alpha}^K] = \begin{bmatrix} \boldsymbol{\alpha}_1 \\ \boldsymbol{\alpha}_2 \\ \vdots \\ \boldsymbol{\alpha}_{J+d} \end{bmatrix} \in \mathbf{R}^{(J+d)\times K}$$

为引入 trivial 模板后，候选目标 y 的稀疏表示系数矩阵。

$$\boldsymbol{\alpha}^k = \begin{bmatrix} \boldsymbol{c}^k \\ \boldsymbol{e}^k \end{bmatrix}, \boldsymbol{c}^k = \begin{bmatrix} c_1^k \\ c_2^k \\ \vdots \\ c_J^k \end{bmatrix}, \boldsymbol{e}^k = \begin{bmatrix} e_1^k \\ e_2^k \\ \vdots \\ e_d^k \end{bmatrix}$$

分别对应于扩展 trivial 模板 $\boldsymbol{I}^k$ 后的第 k 模态目标模板集 $\boldsymbol{A}^k$、扩展 trivial 模板 $\boldsymbol{I}^k$ 前的第 k 模态目标模板集 $\boldsymbol{T}^k$ 及第 k 模态的 trivial 模板集 $\boldsymbol{I}^k$，有

$$\boldsymbol{\alpha}_j = \begin{cases} \boldsymbol{c}_j, & j \leqslant J \\ \boldsymbol{e}_{j-J}, & J \leqslant j \leqslant J+d \end{cases}$$

当 $j \leqslant J$ 时，$\boldsymbol{\alpha}_j$ 为与第 j 个目标模板 $\boldsymbol{T}_j$ 对应的稀疏表示系数向量；当 $J < j \leqslant J+d$ 时，$\boldsymbol{\alpha}_j$ 为与第 $j-J$ 位置的 trivial 模板对应的稀疏表示系数向量。则有

$$\boldsymbol{c}_j = [c_j^1 \quad c_j^2 \quad \cdots \quad c_j^K], \boldsymbol{e}_{j-J} = [e_{j-J}^1 \quad e_{j-J}^2 \quad \cdots \quad e_{j-J}^K]$$

式中，c_j^k 和 e_i^k 分别对应于目标模板 $\boldsymbol{T}_j^k$ 和 trivial 模板 $\boldsymbol{I}_{(i)}^k$（I^k 的第 i 列）。

式(2.24) 为具有 $l_{2,1}$ 混合范型正则项的最小化问题，本节采用加速近端梯度 (accelerated proximal gradient) 算法[105] 对其进行优化求解，以获得候选样本 $\boldsymbol{y}$ 的稀

疏表示系数矩阵 $\boldsymbol{\Gamma}$。然后,$\boldsymbol{\Gamma}$ 可用来估计目标在候选状态 s 的观察概率,有

$$P(z \mid s)=\eta \cdot \mathrm{e}^{-\sum_{k=1}^{K}\|\boldsymbol{y}^k-\boldsymbol{T}^k\boldsymbol{c}^k\|_2^2} \tag{2.25}$$

式中,η 为归一化因子。

对给定的一组候选样本 $\{y_1,y_2,\cdots,y_N\}$,具有最大观察概率的候选目标 $y_{(\hat{i})}$ 被确定为目标,有

$$\hat{i}=\arg\max_i P(z \mid s_i) \tag{2.26}$$

本节方法采用与上一节多模态分别稀疏表示目标跟踪方法相同的目标模板更新策略,详见 2.3.3 节。

结合基于多模态联合稀疏表示的目标跟踪框架、候选样本的稀疏求解、观察概率的计算及目标模板的更新过程,基于多模态联合稀疏表示的目标跟踪算法见算法 2.3。

算法 2.3:基于多模态联合稀疏表示的目标跟踪算法。

输入:待跟踪视频图像序列。 输出:被跟踪目标各时刻状态 $\hat{x}_t\ (t=1,2,\cdots)$。 步骤 1:初始化。 (1) 在第 1 帧手工标记目标的初始状态 $\hat{x}_0$; (2) 在初始位置 $\hat{x}_0$ 附近采样一组样本,构造目标模板集 $T=\{T_1,T_2,\cdots,T_J\}$,提取目标模板集中各目标模板的 K 模态特征,获得各模态特征的目标模板集 $\boldsymbol{T}^k\ (k=1,2,\cdots,K)$。 步骤 2:从第 2 帧开始,不断执行下列各步,直至最后一帧。 (1) 时刻 t(第 t 帧),在前一帧目标位置 $\hat{x}_{(t-1)}$ 周围,根据零均值高斯分布采样 N 个候选样本 $x_{(t,1)},x_{(t,2)},\cdots,x_{(t,N)}$; (2) 提取每个候选样本 $x_{(t,i)}\ (i=1,2,\cdots,N)$ 的 K 模态特征,获得对应模态特征向量表示 $\boldsymbol{y}_{(t,i)}^k\ (k=1,2,\cdots,K)$; (3) 根据式(2.24),联合稀疏表示 $y_{(t,i)}\ (i=1,2,\cdots,N)$ 的 K 模态特征 $\{\boldsymbol{y}_{(t,i)}^k\}_{k=1}^K$,获得 $y_{(t,i)}\ (i=1,2,\cdots,N)$ 的稀疏表示矩阵 $\boldsymbol{\Gamma}_{(t,i)}\ (i=1,2,\cdots,N)$; (4) 根据式(2.25),计算每个候选目标 $y_{(t,i)}\ (i=1,2,\cdots,N)$,的观察概率 $P(z_t \mid s_{(t,i)})$; (5) 根据式(2.26),估计第 t 帧的目标位置; (6) 根据 2.3.3 节,更新目标模板集 $\boldsymbol{T}$。

2.5　实验验证及结果分析

为验证本章提出的两种多模态稀疏表示目标跟踪方法的有效性，本节分别对两种跟踪方法进行了对比实验：实验 1 验证了多模态特征分别稀疏表示目标跟踪方法的有效性；实验 2 验证了多模态特征联合稀疏表示目标跟踪方法的有效性。

2.5.1　多模态特征分别稀疏表示目标跟踪方法的有效性

为验证多模态特征分别稀疏表示目标跟踪方法的有效性，本节以 2 模态特征（灰度 + LBP 纹理）为例进行了两组实验。其中，第一组对比了多模态特征分别稀疏表示目标跟踪方法与基于单模态特征的跟踪方法；第二组对比了多模态特征分别稀疏表示目标跟踪方法与将多模态特征直接连接成高维向量的目标跟踪方法[48]。

实验中使用的 LBP 纹理特征需对灰度图像进行计算，有

$$\mathrm{LBP}(x_c)=\sum_{i=1}^{8}s(x_i-x_c)\cdot(2^i),\quad \text{s.t. } s(x)=\begin{cases}1, & x\geqslant 0\\ 0, & x<0\end{cases} \tag{2.27}$$

式中，$x_i(i=1,2,\cdots,8)$ 表示像素 x_c 从左上角第 1 个像素开始，顺时针方向的第 i 个 8 邻域像素值。由式(2.27) 获得的 LBP 纹理图像中像素的取值范围为 $0\sim127$。

在第一组实验中，为验证多模态特征分别稀疏表示目标跟踪方法，在 Pets—car 视频图像序列上对比了单模态灰度特征稀疏表示、单模态 LBP 纹理特征稀疏表示及多模态特征（灰度 + LBP 纹理）分别稀疏表示的目标跟踪方法。Pets — car 视频图像序列包含图像 60 帧，分辨率为 384×288 像素。

在 Pets — car 视频图像序列中，会发生电线杆遮挡行人的情况，如图 2.5(a)、(b) 所示。当遮挡发生时，如第 9 帧，基于单模态灰度特征的目标跟踪方法产生较大偏差并最终丢失目标，基于单模态 LBP 纹理特征的稀疏表示目标跟踪方法能够跟踪目标，但产生一定偏差。随着跟踪的继续（如第 30 帧），逐渐偏离目标，产生较大偏差。然而，如图 2.5(c) 所示，融合灰度特征和 LBP 纹理特征的多模态分别稀疏表示方法能够有效提高跟踪精度，如第 9、30、60 帧。

为定量评价多模态分别稀疏表示目标跟踪方法的性能，图 2.6 给出 Pets — car 视频图像序列上单模态灰度稀疏表示、单模态 LBP 纹理特征稀疏表示，以及本章方法在 x 方向、y 方向上的跟踪轨迹。从图中可见多模态分别稀疏表示目标跟踪方法具有更好的跟踪精度。

(a) 基于单模态灰度稀疏表示跟踪方法

(b) 基于单模态纹理稀疏表示跟踪方法

(c) 多模态分别稀疏表示跟踪方法

图 2.5　在 Pets－car 序列的第 5、9、30 及 60 帧上的跟踪对照

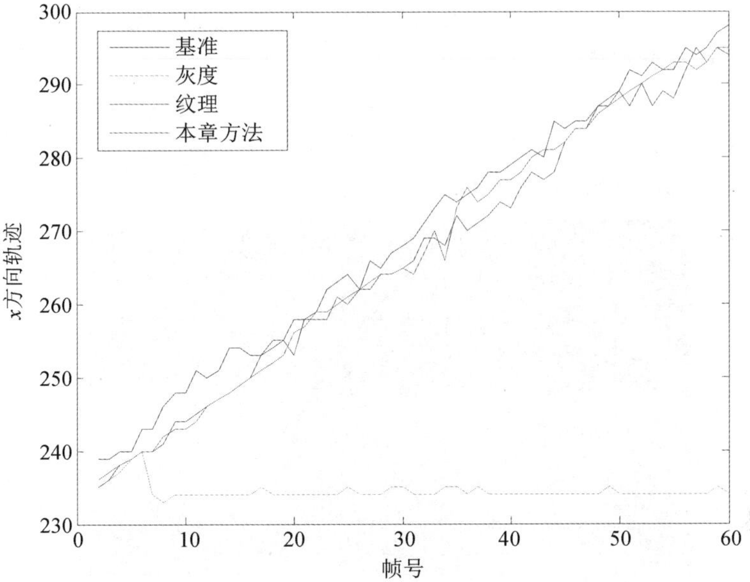

(a) x方向

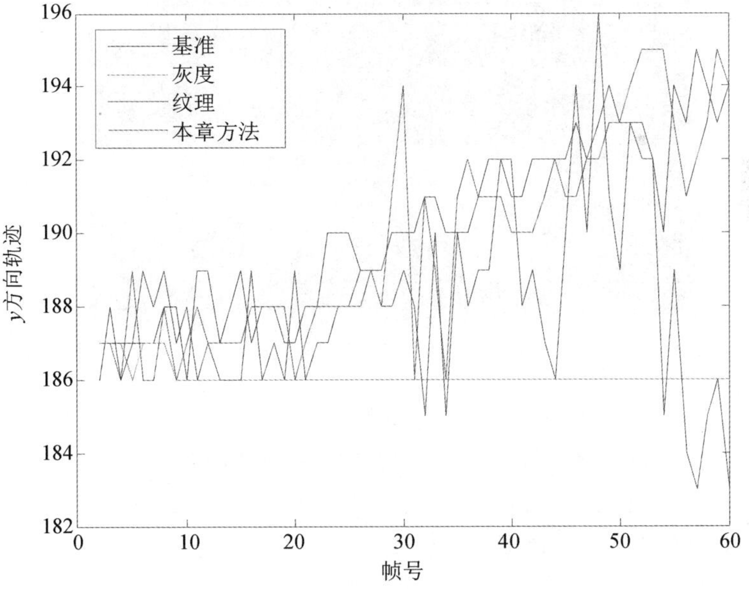

(b) y方向

图 2.6

图 2.6　Pets－car 序列上的跟踪轨迹

第二组实验中对比了多模态特征分别稀疏表示目标跟踪方法与将多模态特征直接连接成高维向量的多模态目标跟踪方法在亮度变化、杂波背景及遮挡三种跟踪场景下的性能。

在亮度变化方面，图 2.7 给出了二者在视频图像序列 Singer1 上的跟踪结果。Singer1 序列来源于文献[37]，包含 321 帧，分辨率为 624 × 352 像素，其中一女歌手在灯光闪烁的舞台上歌唱。

(a) 多模态特征直接连接成高维向量的多模态目标跟踪方法

(b) 多模态分别稀疏表示目标跟踪方法

图 2.7　光照变化场景下的跟踪结果

在杂波背景方面，图 2.8 给出了二者在视频图像序列 Cliffbar 上的跟踪结果。序列 Cliffbar 来源于文献[38]，包含 471 帧，分辨率为 320 × 240 像素，其中一男子移动一张图案与背景相似的卡片。

在遮挡方面，图 2.9 给出了二者在视频图像序列 Occlusion1 上的跟踪结果。序列 Occlusion1 也来源于文献[38]，包含 898 帧，分辨率为 352 × 288 像素，其中一女子的脸经常性地被书遮挡。

(a) 多模态特征直接连接成高维向量的多模态目标跟踪方法

(b) 多模态分别稀疏表示目标跟踪方法

图 2.8　杂波背景场景下的跟踪结果

(a) 多模态特征直接连接成高维向量的多模态目标跟踪方法

图 2.9　遮挡场景下的跟踪结果

(b) 多模态分别稀疏表示目标跟踪方法

续图 2.9

从图 2.7、图 2.8 及图 2.9 所示的跟踪结果来看，多模态分别稀疏表示目标跟踪方法在亮度变化、杂波背景及遮挡等跟踪场景下，与将多模态特征直接连接成高维向量的多模态目标跟踪方法相比均具有较好的跟踪性能。本算法的时间复杂度为 $O(nkp^3)$。其中，n 为视频帧数；k 为模态数；p 为特征维数。

2.5.2 多模态特征联合稀疏表示目标跟踪方法的有效性

为验证多模态特征联合稀疏表示目标跟踪方法的有效性，本节以 2 模态特征为例进行了 2 组实验。第 1 组实验对比了多模态特征联合稀疏表示目标跟踪方法与单模态特征跟踪方法；第 2 组实验对比了多模态特征联合稀疏表示目标跟踪方法与多模态特征分别稀疏表示目标跟踪方法。实验中，参数 λ 和 τ 的值分别设置为 0.02 和 0.4。

为对比多模态特征联合稀疏表示目标跟踪方法与单模态特征跟踪方法，本节在视频图像序列 Pets－car(包含图像 107 帧，分辨率为 384×288 像素）上对比了基于单模态灰度稀疏表示的跟踪方法、基于单模态 LBP 纹理稀疏表示的跟踪方法、MIL[66]、CT[70] 及所提出的基于多模态特征（灰度＋LBP 纹理）联合稀疏表示的跟踪方法。其中，MIL 和 CT 分别为当前流行的基于多示例学习的跟踪方法和基于压缩感知的跟踪方法。不同方法在 Pets－car 序列的第 7、8、70 及 107 帧上的跟踪结果如图 2.10 所示。

(a) 基于单模态灰度稀疏表示的跟踪方法

(b) 基于单模态LBP纹理稀疏表示的跟踪方法

(c) 基于多示例学习的跟踪方法

(d) 基于压缩感知的跟踪方法

(e) 基于多模态特征(灰度+LBP纹理)联合稀疏表示的跟踪方法

图 2.10　不同方法在 Pets－car 序列的第 7、8、70 及 107 帧上的跟踪结果

视频图像序列 Pets－car 呈现了一行走在马路上的行人，先后经过一根电线杆及相向驶来的汽车，发生遮挡。在第一次经过电线杆发生遮挡时，采用基于灰度稀疏表示的方法产生偏差，并最终导致跟踪失败，而此时采用基于 LBP 纹理特征稀疏表示的跟踪方法及基于多模态特征（灰度＋LBP 纹理）联合稀疏表示的跟踪方法能够继续跟踪。仔细观察，可以发现电线杆灰度特征与周围环境差别很小，并且行人的灰度特征不显著，因此在电线杆遮挡行人的数帧中，灰度特征分辨力变弱，从而导致偏差，并最终失败，如图 2.10 中第 7、8 帧所示。在第 50 帧附近，相向驶来的汽车遮挡行人，此时 LBP 纹理特征的分辨力变弱，造成跟踪偏差，而多模态联合稀疏表示方法能够继续跟踪，如图 2.10 中第 70、107 帧所示。可以看出，基于多模态特征联合稀疏表示的方法能够根据跟踪环境自适应地选择最具分辨力的特征进行跟踪，从而提高跟踪精度和鲁棒性。图 2.10 也给出了 MIL 和 CT 的跟踪结果，可以看到，这两种方法在 Pets－car 视频图像序列的第 7、8、70 及 107 帧上均产生了较大偏差。

为进一步衡量多模态联合稀疏表示目标跟踪方法的有效性，图 2.11 给出了该方法与前述单模态灰度、单模态 LBP 纹理、MIL、CT 四种单模态目标跟踪方法的位置误差曲线。可以看到，基于单模态灰度和单模态 LBP 纹理的方法先后产生偏差，并最终跟踪丢失；MIL 和 CT 在跟踪开始就产生了较大偏差；而本章所提出的多模态联合稀疏表示目标跟踪方法偏差较小，效果较为理想。

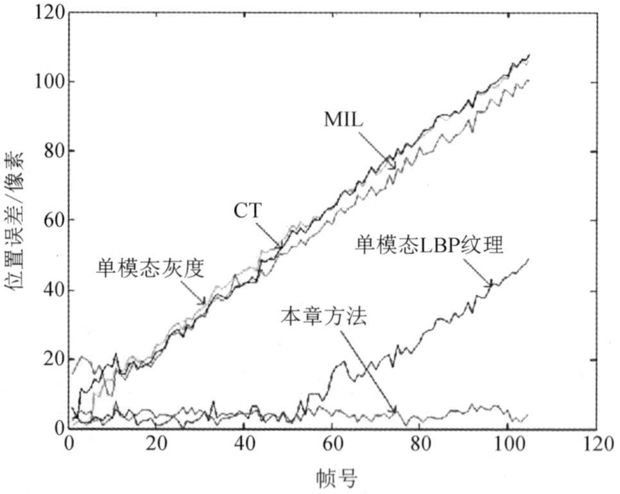

图 2.11　多模态联合稀疏表示目标跟踪与单模态跟踪方法的位置误差对比曲线

为对比多模态联合稀疏表示目标跟踪方法与多模态分别稀疏表示目标跟踪方法，这里对比了两种方法在视频图像序列 Singer1 上的跟踪结果。

在视频图像序列 Singer1 中，一位女歌手站在立式麦克风前全情投入地演唱歌曲，并伴随着音乐旋律而自然舞动。女歌手位置没有移动，但相对镜头有相对移动，这种情况下两种多模态方法都具有较为理想的跟踪结果，如从第 2 帧到第 106 帧。然而从第 107 帧开始，在大约连续的 25 帧中，舞台出现了灯光的明暗变化。这种情况下，受到光照变化的影响，基于多模态特征分别稀疏表示的方法，产生的稀疏模式（稀疏系数）不可靠。而多模态联合稀疏表示方法能够产生更为可靠的稀疏模式，从而得到更好的跟踪精度和结果。图 2.12 给出了有代表性的 4 帧结果。可以看到，以第 2 帧为代表的各帧没有受到灯光明暗变化的影响，两种方法均具有较好的跟踪结果；以第 109 帧和第 131 帧为代表的各帧受光照变化的影响，多模态联合稀疏表示目标跟踪方法能够产生更为可靠的结果；随后各帧中，二者结果相当，多模态联合稀疏表示目标跟踪方法略好，如第 217 帧。多模态联合稀疏表示目标跟踪方法与多模态分别稀疏表示目标跟踪方法的位置误差曲线如图 2.13 所示。可以看到，从第 107 帧到第 131 帧由于受到光照变化影响，多模态分别稀疏表示方法产生的稀疏模式不稳定，因此产生较大偏差。而多模态联合稀疏表示目标跟踪方法能够产生更为可靠的稀疏模态，具有更好的跟踪性能。

(a) 多模态分别稀疏表示目标跟踪的跟踪结果

(b) 多模态联合稀疏表示目标跟踪的跟踪结果

图 2.12　在视频图像序列 Singer1 的第 2、109、131 及 217 帧上的跟踪结果

相比于其他跟踪算法，如 MIL 及 CT，基于稀疏表示的跟踪算法的劣势在于跟踪的时间开销较大[54]，而多模态稀疏表示涉及多模态特征的稀疏求解，其计算复杂度进一步提高，时间复杂度为 $O(nkp^3)$。其中，n 为视频帧数；k 为模态数；p 为特征维数。

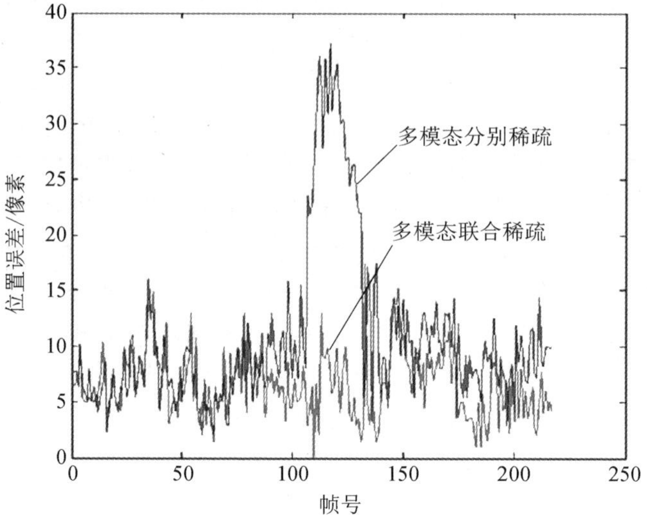

图 2.13　多模态联合稀疏表示目标跟踪与多模态分别稀疏表示目标跟踪的位置误差曲线

2.6　本章小结

本章采用多模态稀疏表示实现目标外观表示，以弥补单一模态在跟踪场景动态变化下的不足。一是基于多模态分别稀疏表示的目标跟踪方法，该方法对不同模态特征分别进行稀疏表示，然后融合不同模态特征的稀疏表示结果估计目标；二是基于多模态特征联合稀疏表示的目标跟踪方法，该方法考虑不同模态特征之间的差异与联系，对同一样本的多模态特征进行联合稀疏表示。实验结果表明，本章提出的两种多模态目标跟踪方法比单模态方法具有更好的跟踪性能。

第3章　基于加权稀疏表示的目标跟踪

3.1　引　言

Mei等在2011年提出的基于稀疏表示的目标跟踪方法[47]需要求解具有l_1正则项的最小化问题，因此造成稀疏分解（稀疏表示系数）不稳定[106]，影响跟踪精度。

在模式识别与机器学习领域，为提高分类精度，研究者根据样本或特征的作用对其加权，然后构造分类器。例如，Hu 等[107] 提出一种通过样本加权构造大间隔最近邻分类器的方法；Yang 等[108] 提出一种基于加权支持向量机的数据分类方法。为应对数据不均衡问题，Zong 等[109] 提出一种加权极限学习机。在目标跟踪领域，大连理工大学的 Wang 等[57] 使用局部加权距离测度对不同特征加权以提高逆稀疏表示及跟踪系统的精度。香港理工大学的 Zhang 等提出一种基于加权多示例学习的目标跟踪方法[68]，该方法在多示例学习目标跟踪方法基础上，通过加权反映不同样本在分类器学习过程中的重要性。不同于上述利用样本或特征的重要性提高分类器或跟踪器性能，基于稀疏表示的目标跟踪方法在表示每个候选样本（测试样本）时，认为不同目标模板（训练样本）具有相同的重要性或可能性。实际上，不同目标模板与候选样本的距离或相似性不同，表示候选样本时应具有不同的可能性，距离越小，可能性越大。因此，本章通过加权提高候选样本的表示精度。

基于以上分析，本章提出一种基于加权稀疏表示的目标跟踪方法，该方法根据不同目标模板与候选样本之间的相似程度对每个目标模板进行加权，使得与候选样本更相似的目标模板具有更大的可能性表示候选样本，对应更大的表示系数，从而提高候选样本的表示精度，进而提高系统的跟踪性能。

本章剩余章节的内容安排如下：3.2 节给出了基于加权稀疏表示的目标跟踪框架；3.3 节详细介绍了基于加权稀疏表示的目标跟踪方法；3.4 节对所提出的算法进行了实验及结果分析；3.5 节对本章内容进行了总结。

3.2 基于加权稀疏表示的目标跟踪框架

在基于加权稀疏表示的目标跟踪方法中，给定某个候选样本，在求解其稀疏表示时，需通盘考虑目标模板集中的每个目标模板。从图 3.1 所示的样本分布来看，使与候选样本（红 + 标记）相近的目标模板（黑 + 标记）具有更大的可能性来表示候选样本，即使虚线圆中的目标模板具有更大的可能性来表示候选样本。

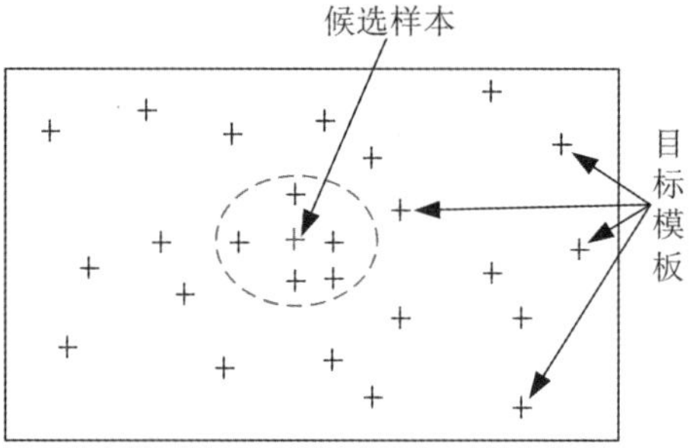

图 3.1　稀疏表示中样本分布示意图

样本间的这种相近（相似）关系称为数据局部性结构，其在维数约简、分类、聚类等许多模式识别问题中起到十分关键的作用。如最近邻方法（nearest neigbor，NN）将测试样本归类于与其距离最相近样本的所属类别；K－近邻规则将测试样本分类为与其最接近的 k 个近邻中出现最多的那个类别。在稀疏表示问题上，人们也试图通过融入数据局部性来提高样本的表示精度，提高分类或识别系统的性能。这些方法[110] 通过对训练样本加权来表示其与测试样本的局部性关联，提高测试样本的表示精度。同样，对视频目标跟踪来讲，提高候选样本的表示精度将减少跟踪偏差，提高跟踪系统的性能。基于此，本章提出一种基于加权稀疏表示的目标跟踪方法。该方法在对候选样本进行稀疏表示之前，根据目标模板与候选样本之间的距离对其加权，使得与候选样本相近的目标模板具有更大的可能来表示候选样本。图 3.2 所示为基于加权稀疏表示的目标跟踪框架。本章方法在对每个候选样本进行稀疏表示前，首先构造加权矩阵 $\boldsymbol{W}$，然后对每个候选样本进行加权稀疏表示。该方法的关键是加权矩阵 $\boldsymbol{W}$ 的构造、加权稀疏表示、目标函数求解及目标模板更新。下节将详述基于加权稀疏表示的目标跟踪方法。

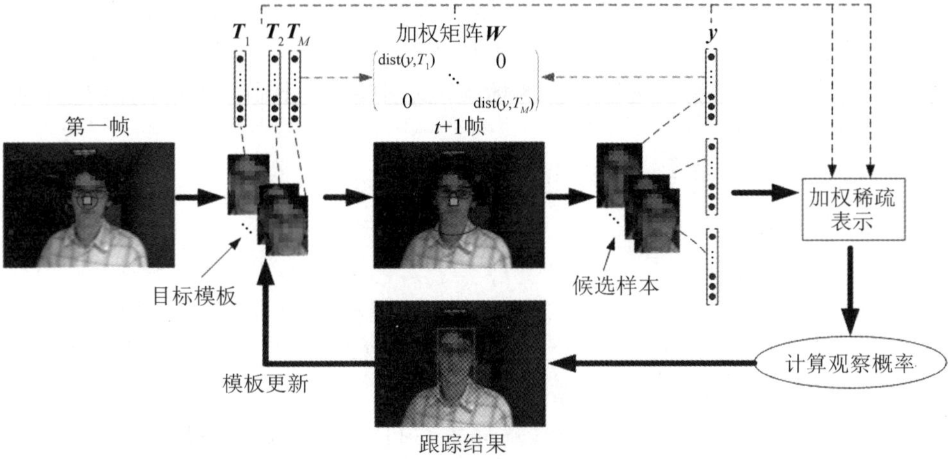

图 3.2　基于加权稀疏表示的目标跟踪框架

3.3　基于加权稀疏表示的目标跟踪方法

3.3.1　加权稀疏表示

在基于稀疏表示的目标跟踪方法中，候选样本 y 表示为一组目标模板 $\boldsymbol{T}=\{T_1,T_2,\cdots,T_M\}$ 的稀疏线性组合，有

$$\boldsymbol{c}=\min_{\boldsymbol{c}'}\|\boldsymbol{c}'\|_0,\quad \text{s.t. } \boldsymbol{y}=\boldsymbol{T}\boldsymbol{c}' \tag{3.1}$$

式中，$\boldsymbol{c}$ 为相应的稀疏表示系数向量。由于式(3.1)是一个组合优化问题，难以求解，因此根据压缩感知理论，若解向量 $\boldsymbol{c}$ 足够稀疏，则 l_0 范型正则化问题等价于 l_1 范型正则化问题[110]。基于此，LASSO 方法采用 l_1 范型正则项对式(3.1)近似求解，有

$$\boldsymbol{c}=\min_{\boldsymbol{c}'}\|\boldsymbol{c}'\|_1,\quad \text{s.t. } \boldsymbol{y}=\boldsymbol{T}\boldsymbol{c}' \tag{3.2}$$

求解式(3.2)所得的稀疏表示系数向量 $\boldsymbol{c}$ 可用于计算候选样本 y 的重建误差 r 和观察概率 $P(y\mid o)$。

如式(3.2)所示，基于稀疏表示的目标跟踪方法通过求解具有 l_1 正则项的最小化问题来求解各候选样本的稀疏表示系数。该稀疏表示方法的潜在问题是候选样本可能被某个不相似的目标模板表示。为避免这种问题，本章将数据局部性结构集成到候选样本表示中，提出一种基于加权稀疏表示的目标跟踪方法。该方法通过加权稀疏表示，寻求每一候选样本相对于目标模板集的稀疏线性表示，同时保留候选样本与各目标模板的相似性关系。

为保持候选样本与目标模板间的这种数据局部性结构，在对每个候选样本进行稀疏表示前，首先对每个目标模板按照其与候选样本之间的距离加权，构造加权矩阵$\boldsymbol{W}$，然后在候选样本y的稀疏表示中用$\boldsymbol{W}$对稀疏表示系数向量$\boldsymbol{c}$加权，即

$$\boldsymbol{c}=\arg\min_{\boldsymbol{c}'}\|\boldsymbol{W}\boldsymbol{c}'\|,\quad \text{s.t. } \boldsymbol{y}=\boldsymbol{T}\boldsymbol{c} \tag{3.3}$$

其中，加权矩阵

$$\boldsymbol{W}=\text{diag}([\text{dist}(y,T_1)\quad \text{dist}(y,T_2)\quad \cdots\quad \text{dist}(y,T_M)]^{\mathrm{T}})$$

为对角矩阵，$\text{dist}(y,T_i)$为候选样本y与目标模板T_i之间的距离，用来对目标模板T_i加权，该距离具体为二者之间的欧氏距离，即

$$\text{dist}(y,T_i)=\|y-T_i\|_2 \tag{3.4}$$

这种加权稀疏表示通过融合候选样本与目标模板间的线性关联和局部性关联来提高候选样本稀疏系数的判别能力，进而提高目标跟踪性能。需提及的是，当加权矩阵$\boldsymbol{W}$被设置为单位矩阵时，加权稀疏表示退化为非加权稀疏表示，因此非加权稀疏表示可看作加权稀疏表示的特殊情况。

同样，求解式(3.3)所得的加权稀疏表示系数向量$\boldsymbol{c}$可用来计算每个候选样本y的重建误差r，即

$$r=\|y-\boldsymbol{T}\boldsymbol{c}\|_2^2 \tag{3.5}$$

以及观察概率$P(z\mid s)$，即

$$P(z\mid s)=C\cdot \mathrm{e}^{-rP(z\mid s)} \tag{3.6}$$

式中，C为归一化常量。

3.3.2 加权稀疏表示的目标函数求解

式(3.3)中的优化问题可转化为

$$\boldsymbol{c}=\arg\min_{\boldsymbol{c}'}(\|y-\boldsymbol{T}\boldsymbol{c}'\|_2)+\gamma\ \|\boldsymbol{W}\boldsymbol{c}'\|_1 \tag{3.7}$$

求解，其解为$\boldsymbol{c}$。设另一优化问题为

$$\boldsymbol{\beta}=\arg\min_{\boldsymbol{\beta}'}(\|y-\boldsymbol{T}\boldsymbol{W}^{-1}\boldsymbol{\beta}'\|_2+\gamma\ \|\boldsymbol{\beta}'\|_1) \tag{3.8}$$

其解为$\boldsymbol{\beta}$。可以证明式(3.7)的解$\boldsymbol{c}$等值于$\boldsymbol{W}^{-1}\boldsymbol{\beta}$。这样，求解式(3.7)的问题就转化为求解式(3.8)的问题。而式(3.8)的求解与式(2.11)相同，可直接通过APG算法求解。

3.3.3 加权稀疏表示的模板更新策略

在模板更新策略上，本章与2.2.3节相同，考虑跟踪过程中的三种情况。具体的模板更新策略如下。

(1) 将第1帧的目标添加到目标模板集$\boldsymbol{T}$中，并作为第1个目标模板T_1，不

更新。

(2) 确定当前帧目标外观是否发生较大变化。如果变化量大于某个给定阈值,则更新目标模板集;否则,不更新。具体来讲,如果当前帧估计出的目标 y_i 与目标模板 T_j 的相似度小于某个给定阈值 τ,则用被跟踪目标 y_i 更新最差目标模板 T_k,其中

$$i = \arg\min_j P(z \mid s_j)$$
$$j = \arg\min_l \| T_l - y_i \|_2$$
$$k = \arg\max_l \| T_l - y_i \|_2$$

3.3.4 基于加权稀疏表示的目标跟踪算法

1. 特征的选择

为避免噪声、遮挡及其他可能的图像损坏,本章采用一种局部归一化特征来表示目标模板和候选样本(图 3.3)。

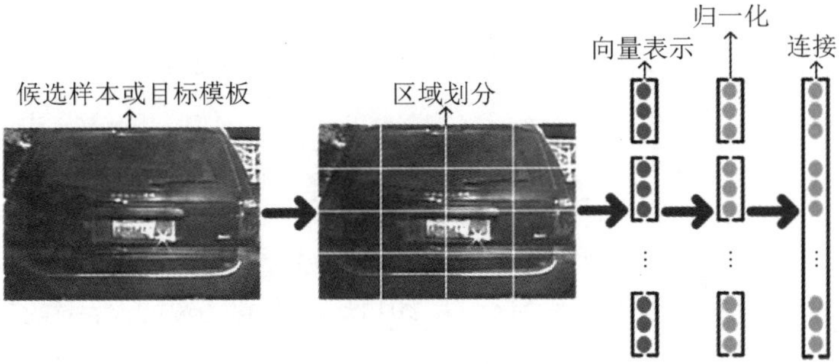

图 3.3　目标外观表示

具体来说,将每个候选样本或目标模板划分为若干区域,然后堆叠每个区域的各列得到 1 维向量,并归一化到 l_2 单位长度。连接属于同一候选样本或目标模板的各区域 1 维向量表示,得到候选样本或目标模板的 1 维特征向量表示。

2. 详细算法

将 3.2 节给出的基于加权稀疏表示的目标跟踪框架与 3.3.1 节给出的加权稀疏表示方法相结合,就形成了基于加权稀疏表示的目标跟踪方法,其具体步骤见算法 3.1。

算法 3.1：基于加权稀疏表示的目标跟踪算法。

输入：待跟踪视频图像序列。
输出：被跟踪目标各时刻状态$x_t(t=1,2,\cdots)$。
1. 初始化：在第 1 帧手工标记目标状态x_0，以及目标模板集$\{T_1, T_2, \cdots, T_M\}$。
2.循环：从第 2 帧开始，重复地顺次执行如下步骤，直至最后 1 帧结束。
(1) 在距前一帧目标位置x_{t-1}小于r像素的范围内采样N个候选样本$\{x_1, x_2, \cdots, x_N\}$，提取它们的局部归一化特征向量表示$\{y_1, y_2, \cdots, y_N\}$。
(2) 通过式(3.3) 求解每个候选样本x_i的稀疏表示系数向量$\boldsymbol{c}_i$。
(3) 通过式(3.5) 和式(3.6) 计算每个候选样本y_i的重建误差r_i和观察概率$P(z \mid s_i)$。
(4) 将满足条件$j=\arg\max\limits_i P(z \mid x_i)$的候选样本$x_i$确定为当前帧的被跟踪目标。
(5) 按照 3.3.3 节，用当前帧的目标跟踪结果y_j更新目标模板集$\boldsymbol{T}$。

3.4 实验验证及结果分析

为验证本章方法的跟踪性能，在具有 3 GB 内存的 AMD Sempron X2 198 CPU(2.5 GHz) 计算机上采用 Matlab 2011b 对本章方法进行编码实现，并对比了其与 L1APG[54] 方法在亮度变化、目标遮挡、姿势变化这三种不同跟踪场景下的跟踪性能。需提及的是，选择 L1APG 方法作为对比方法，一方面是两种方法是同类方法，本章方法可看作 L1APG 的改进方法；另一方面是 L1APG 方法提供源码，有利于对比的公平性。此外，本章方法实验中涉及的参数部分参照了 L1APG 源码中的参数设置，具体情况为：目标模板数M为 10，候选样本数N为 600，候选样本或目标模板被放缩到32×32像素并被划分为4×4区域以提取局部归一化特征，正则参数λ被设置为 0.000 2，函数优化的迭代次数被设置为 5，模板更新阈值τ被设置为 0.4。下面给出两种方法在不同跟踪场景下的跟踪结果。

1. 亮度变化场景

本实验选择 Singer1[37] 和 Car4[37] 两个视频图像序列验证两个算法在亮度变化场景下的跟踪性能，其中两视频序列均来源于文献[37]，包含的帧数分别为 321 帧和 659 帧，图像分辨率分别为624×352像素和720×480像素。具体的跟踪结果如图 3.4 所示。

在视频图像序列 Singer1 中，一女孩在舞台上手持麦克风演唱，并伴随音乐旋律舞动，其间发生灯光的明暗变化。图 3.4(a) 给出了有代表性的 3 帧结果，分别对应着灯光从暗到明再到暗三种不同明暗场景。可以看到，场景变亮前，两种方法跟踪性能相当，如第 73 帧所示；当场景变亮时，本章方法的跟踪结果更为精确，如第 101 帧所示；当场景再次变暗时，本章方法仍然具有更高的跟踪精度，如第 176 帧所示。

在视频图像序列 Car4 中，一辆小汽车在公路上行驶，其间经过一座立交桥，发生亮度的明暗变化。图 3.4(b) 给出其中 3 帧的跟踪结果。在第 202 帧，小汽车驶入立交桥下，场景变暗；在第 252 帧，小汽车驶出立交桥，场景变亮。从前后两帧的跟踪结果中可以看到，本章方法在场景亮度变化时具有较好的跟踪效果。随后，本章方法仍然保持着较高的跟踪精度，如第 658 帧所示。

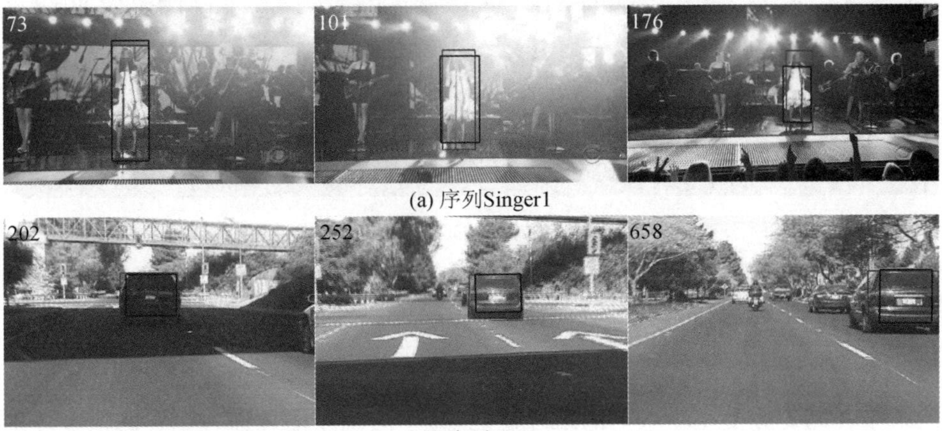

(a) 序列Singer1

(b) 序列Car4

图 3.4

图 3.4　加权稀疏表示目标跟踪算法(红色线)与跟踪算法 L1APG(蓝色线)在亮度变化场景下的跟踪结果

2. 目标遮挡场景

在视频图像序列 Caviar1 和 Occlusion1 中，出现了被跟踪目标被部分或严重遮挡的情况，其中两视频图像序列包含的帧数分别为 382 帧和 898 帧，图像分辨率分别为 384×288 像素和 352×288 像素。具体的跟踪结果如图 3.5 所示。

在视频图像序列 Caviar1 中，一女子与同伴沿长廊结伴前行。其间，一男子横穿长廊，遮挡该女子，如图 3.5(a) 第 99 帧所示。此时，L1APG 算法产生偏差。随着跟踪的继续，女子被男子严重遮挡，L1APG 算法产生的偏差加大，如图 3.5(a) 第 122 帧所示。最终 L1APG 算法丢失被跟踪目标，如图 3.5(a) 第 128 帧所示。相比之下，本章方法在整个跟踪过程中能够精确地跟踪目标。

在视频图像序列 Occlusion1 中，多次出现女孩面部被书遮挡的场景。图 3.5(b) 给出了其中 3 帧的跟踪结果，即第 189、312 及 398 帧，分别对应于女孩面部左侧、下侧及右侧被遮挡三种场景。从跟踪结果中可以看到，当发生遮挡时，L1APG 算法会产生跟踪偏差，而本章方法能够精确地跟踪目标。

(a) 序列Caviar1

(b) 序列Occlusion1

图 3.5

图 3.5　加权稀疏表示目标跟踪算法(红色线)与跟踪算法 L1APG(蓝色线)在目标遮挡场景下的跟踪结果

3. 姿势变化场景

本实验选择 Dudek[94] 及 Sylvester2008b[94] 两个视频图像序列验证算法在被跟踪目标姿势变化场景下的跟踪性能，其中两视频图像序列包含的帧数分别为 573 帧和 367 帧，图像分辨率分别为 720×480 像素和 640×480 像素。

在视频图像序列 Dudek 中，一男子坐在椅子上，面向摄像机镜头移动。从图 3.6(a) 中可见，当男子变换姿势时，在第 372 帧和 462 帧两次向左转脸，以及在 486 帧脸部向下移动时，L1APG 算法会产生较大偏差。相比之下，本章方法能够精确地跟踪，具有更好的跟踪效果。

在视频图像序列 Sylvester2008b 中，一男子移动玩偶，使其姿势不断发生变化。从显示的结果看，在第 12 帧和第 51 帧，玩偶两次向左移动，L1APG 算法均产生较大偏差。随着跟踪的继续，L1APG 算法最终丢失目标，如图 3.6(b) 第 367 帧所示。相比之下，本章算法能够稳定、可靠地跟踪，具有更好的跟踪效果。

通过以上实验，可以看到本章算法能够适应亮度变化、遮挡及姿势变化等场景。实际上，在跟踪过程中，被跟踪目标可能受到包括亮度变化、遮挡、姿势

(a) 序列Dudek

(b) 序列Sylvester2008b

图 3.6

图 3.6　加权稀疏表示目标跟踪算法(红色线)与跟踪算法 L1APG(蓝色线)在姿势变化场景下的跟踪结果

变化等各种复杂因素的综合影响。图 3.7 给出了本章算法与 L1APG 在 Singer1、Car4、Caviar1、Occlusions1、Dudek、Sylvester2008b 共六个视频图像序列上的位置误差曲线图。从中可以看到,本章方法在不同视频图像序列上均取得了较为理想的跟踪效果。

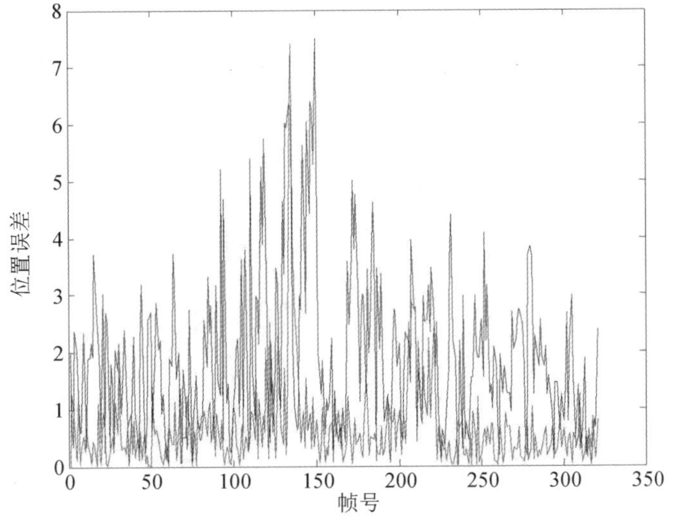

(a) 序列Singer1

图 3.7　加权稀疏表示跟踪算法(红色线)与跟踪算法 L1APG(蓝色线)的位置误差曲线图

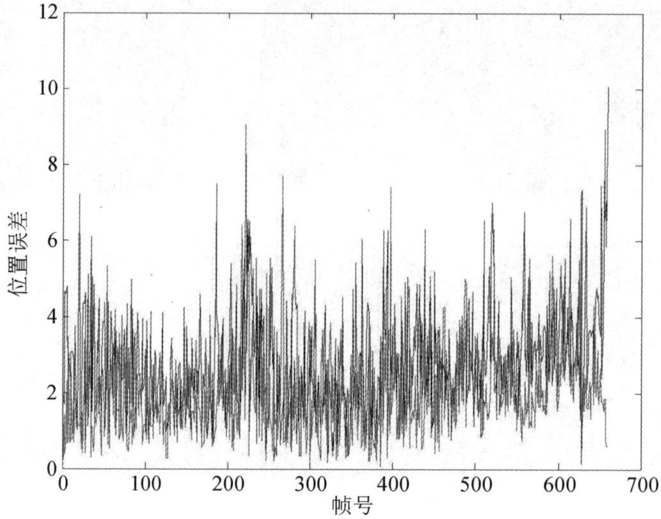

(b) 序列Car4

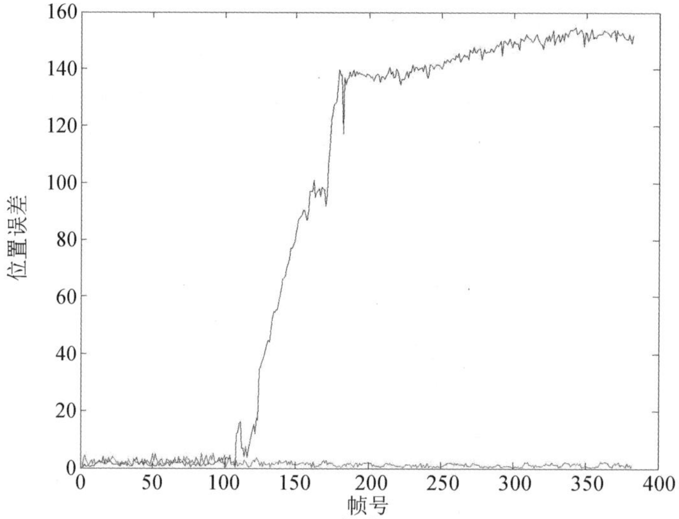

(c) 序列Caviar1

续图 3.7

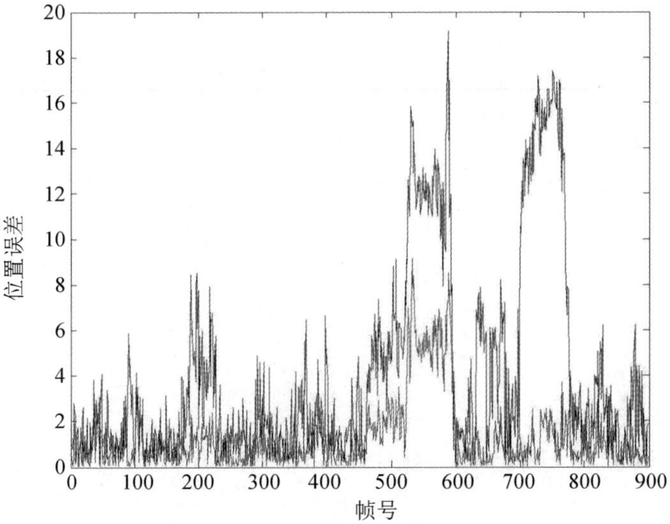

(d) 序列Occlusion1

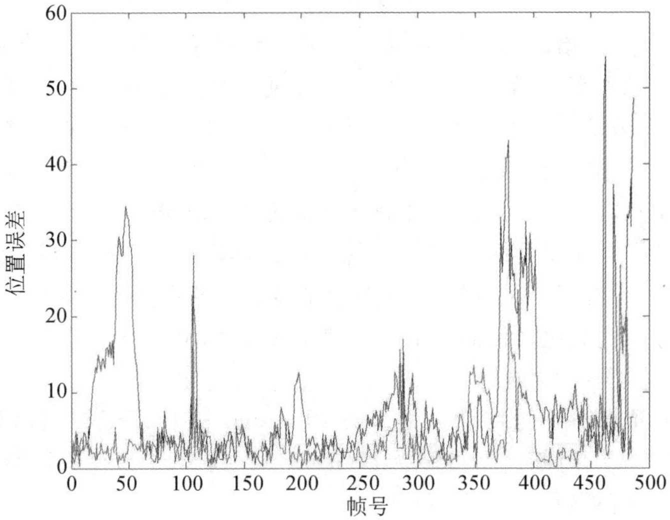

(e) 序列Dudek

续图 3.7

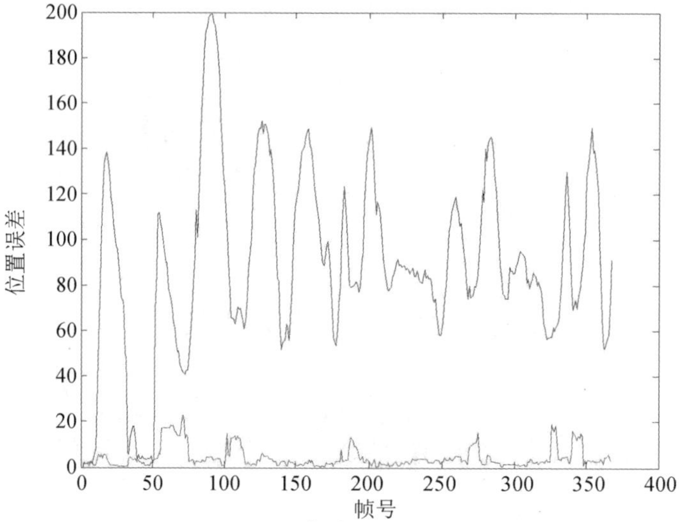

(f) 序列Sylvester2008b

图 3.7

续图 3.7

从图 3.4 ～ 3.6 给出的三种场景的六个视频图像序列的跟踪结果中可以看到，与非加权的 L1APG 算法相比，本章算法通过加权能够在亮度变化、目标遮挡、姿势变化等场景下健壮跟踪。从图 3.7 给出的位置误差曲线图中可以看出，当被跟踪目标受到包括亮度变化、目标遮挡、姿势变化等各种因素综合影响时，相比于 L1APG 算法，本章方法也具有更为理想的跟踪性能。其原因有二：一是本章算法使用加权方法，使与候选样本相似的目标模板具有更大的可能性来表示候选样本，提高了候选样本的表示精度；二是局部归一化特征的使用能够很好地适应亮度变化、目标遮挡、姿势变化等目标跟踪场景。同时，该特征的使用降低了目标模板的数量。

由于使用局部归一化特征来避免使用 trivial 模板，降低了目标模板的数量，因此本章算法的时间复杂度降为 $O(npm^2)$。其中，n 为视频帧数；p 为特征维数；m 为目标模板数。

3.5 本章小结

本章提出根据不同目标模板在稀疏表示中的差异对其加权的一种基于加权稀疏表示的目标跟踪方法。该方法首先根据与候选样本的距离对各目标模板加权，然后对各候选样本进行稀疏表示。实验结果表明，本章提出的加权稀疏表示目标跟踪方法相比于基于稀疏表示的基准跟踪方法，能够产生更加可靠的稀疏表示系数，具有更好的跟踪性能。

第4章　基于多模态加权稀疏表示的目标跟踪

4.1　引　言

在基于稀疏表示的目标跟踪方法中，为提高效率，Liu 等[51] 提出了一种基于两阶段稀疏优化的快速跟踪方法，该方法认为在目标表示的高维特征中，只有部分特征具有判别力，能够将目标与背景区分开来。因此，通过两阶段稀疏表示达到最小化重建误差及降低特征维数、提高目标表示判别力的双重目的，提高了求解 l_1 最小化问题的效率。Li 等[52] 提出了一种基于压缩感知的实时目标跟踪方法。该方法利用压缩感知的信号恢复能力，采用一个满足 RIP 的测量矩阵 $\boldsymbol{\varphi}$（随机高斯矩阵）降低候选样本及目标模板的特征维数，从而降低求解每个 l_1 最小化问题的计算复杂度。Wu 等[53] 提出一种基于黎曼流形稀疏表示的目标跟踪方法。该方法采用协方差矩阵描述和表示候选样本及目标模板，并通过对数变换从黎曼流形空间变换到欧氏空间进行稀疏求解。协方差矩阵描述不仅能够有效融合不同特征，而且是一种低维特征描述，能够降低稀疏求解的计算量。尽管这些方法去除了 trivial 模板，降低了求解 l_1 最小化问题的计算量，然而这些跟踪方法所选特征没有考虑去除 trivial 模板后如何解决可能发生的噪声、遮挡等问题。

另外，为提高精度，Zhang 等[49] 提出一种基于多任务联合稀疏表示的目标跟踪方法，该方法对候选样本进行联合稀疏表示，以反映候选样本之间的潜在关联，使得跟踪系统更适于目标外观的各种复杂变化，提高了跟踪精度。然而，该方法假设所有目标模板具有相同的可能性来表示候选样本。根据文献[109]可知，与候选样本相似的目标模板具有更大的可能性来表示候选样本。Wu 等[48] 提出融合多模态特征的多模态稀疏表示方法，与单模态方法相比，该方法融合多模态特征，具有更好的跟踪效果。但是这种简单地将多模态特征连接成高维特征向量的方法是不合适的，因为它强制各模态特征具有相同的稀疏表示系数，忽视了不同模态特征的不同统计特性，以及它们在样本表示上的显著性差异。

为满足实际跟踪问题对跟踪效率及跟踪精度的要求，在效率方面，本章避免使用 trivial 模板，而是采用一种与上一章相同的局部归一化特征，以降低求解每个 l_1 最小化问题的时间开销，提高效率；在精度方面，本章在对所有候选样本进行联合稀疏表示的同时，考虑到数据间的局部性关联及候选样本所包含的丰富多模态信息，按照各模态目标模板与候选样本之间的相似度对各模态目标模板加权，以便提高候选样本的表示精度，提高整个系统的跟踪性能。

本章剩余章节的内容安排如下：4.2 节介绍基于多模态加权稀疏表示的目标跟踪框架；4.3 节介绍基于多模态加权稀疏表示的目标跟踪方法；4.4 节对本章方法进行实验及结果分析；4.5 节对本章内容进行总结。

4.2　基于多模态加权稀疏表示的目标跟踪框架

本章的多模态加权稀疏表示目标跟踪方法是对第 2 章多模态联合稀疏表示和第 3 章加权稀疏表示的融合：一方面融合多模态特征，对候选样本进行多模态联合稀疏表示；另一方面根据与候选样本的相似性，对各目标模板加权。多模态加权稀疏表示的目标跟踪框架如图 4.1 所示，多模态加权联合稀疏表示目标跟踪方法的关键是多模态加权稀疏表示，涉及加权矩阵的构造、统一目标函数的构造及目标函数的优化求解。

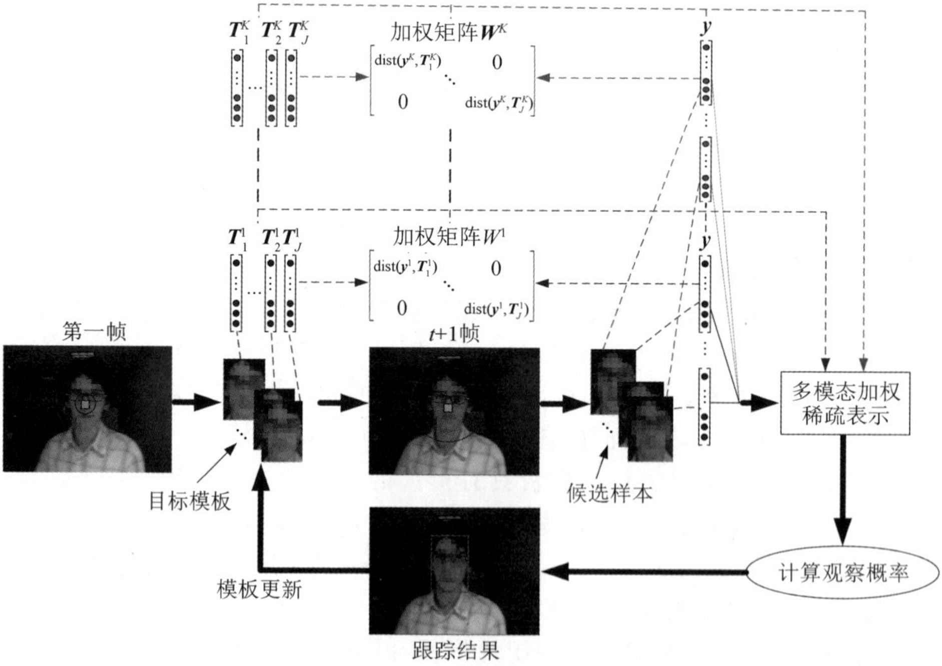

图 4.1　多模态加权稀疏表示的目标跟踪框架

4.3　基于多模态加权稀疏表示的目标跟踪方法

4.3.1　多模态加权联合稀疏表示

基于稀疏表示的视频目标跟踪是近年来较为流行的一种跟踪方法，该方法在噪声、遮挡及其他图像损坏等复杂跟踪场景下均能健壮跟踪，具有较为理想的跟踪性能，迅速成为一种非常流行的跟踪方法。假设 $\boldsymbol{T}=\{T_1,T_2,\cdots,T_M\}$ 和 $\{y_1,y_2,\cdots,y_N\}$ 分别表示当前帧的目标模板集和候选样本集。为估计目标，基于稀疏表示的目标跟踪方法将每个候选样本 $y_i\in\mathbf{R}^d$ 表示为目标模板集 $\boldsymbol{T}$ 的稀疏线性组合。例如，在 Mei 等提出的 l_1 跟踪算法[47] 中，通过求解具有 l_1 正则项的最小化问题求解每个候选样本 y_i 的稀疏表示，即

$$\min_{\boldsymbol{c}_i}\frac{1}{2}\|\boldsymbol{y}_i-\boldsymbol{T}\boldsymbol{c}_i\|_2^2+\lambda\|\boldsymbol{c}_i\|_1 \tag{4.1}$$

式中，$\boldsymbol{c}_i$ 为候选样本 $\boldsymbol{y}_i$ 的稀疏表示系数；$\|\cdot\|_1$ 为 l_1 范型；λ 为平衡重建误差与稀疏性的折中参数。为克服跟踪过程中可能遇到的噪声与遮挡，l_1 跟踪算法引入一组 trivial 模板 $\boldsymbol{I}\in\mathbf{R}^{d\times d}$ 对噪声和遮挡建模，其中第 i 个 trivial 模板对应于单位矩阵 $\boldsymbol{I}$ 的第 i 列。尽管 l_1 跟踪算法具有较好的跟踪性能，但该算法在效率和精度上有很大的提升空间。

为提高效率，Mei 和 Ling 等提出了 L1APG 算法[54]，该算法通过计算最小错误界来减少需求解的 l_1 最小化问题的数量，降低了时间开销，提高了跟踪效率。

为提高跟踪精度，Zhang 等提出一种基于多任务学习的目标跟踪方法，即 MTT[49]，该方法考虑候选样本间的相似性关联，通过求解具有 $l_{2,1}$ 混合范型正则项的最小化问题来获得所有候选样本的稀疏表示，有

$$\min_{\boldsymbol{C}}\frac{1}{2}\sum_{i=1}^{N}\|\boldsymbol{y}_i-\boldsymbol{T}\boldsymbol{c}_i\|_2^2+\lambda\|\boldsymbol{C}\|_{2,1} \tag{4.2}$$

其中

$$\|\boldsymbol{C}\|_{2,1}=\sum_{j=1}^{J}\|\boldsymbol{c}^j\|_2$$

$$\boldsymbol{C}=[c_1\quad c_2\quad\cdots\quad c_N]=\begin{bmatrix}c^1\\c^2\\\vdots\\c^J\end{bmatrix}=\begin{bmatrix}c_1^1 & c_2^1 & \cdots & c_N^1\\c_1^2 & c_2^2 & \cdots & c_N^2\\\vdots & \vdots & & \vdots\\c_1^J & c_2^J & \cdots & c_N^J\end{bmatrix}$$

为稀疏表示系数矩阵，第 i 列c_i 为候选样本y_i 的稀疏表示系数向量，第 j 行c^j 为目标模板T_j 表示所有候选样本$\{y_1, y_2, \cdots, y_N\}$的稀疏表示系数向量，$c_i^j$ 为目标模板T_j 表示候选样本y_i 的稀疏表示系数。不同于式(4.1)，式(4.2)的正则项为$l_{2,1}$ 混合范型，使得各候选样本具有联合稀疏表示，能够反映按照零均值高斯分布采样的候选样本间的相似性关联。尽管与其他基于稀疏表示的目标跟踪方法[50,54,111] 相比，文献[46]中的方法通过挖掘候选样本间的相似性关联能够提高跟踪系统的跟踪精度和健壮性。但是前述所有跟踪算法[46,50,54,106] 均假设所有目标模板具有相同的可能性表示某一候选样本。依据第 3 章及文献[105]可知，与候选样本相似的目标模板表示候选样本的可能性更大。另外，所有这些跟踪算法均为单模态跟踪方法，没有充分利用可被利用的多模态信息。基于此，本章提出一种基于加权多模态稀疏表示的目标跟踪方法，该方法提取每一候选样本和目标模板的多模态信息，并在各模态候选样本表示前，首先按照对应模态目标模板与该模态候选样本之间的距离对对应模态的所有目标模板加权，然后考虑候选样本间及候选样本多模态间关联，对所有候选样本进行多模态联合稀疏表示。设$\boldsymbol{T}^k=[T_1^k,\quad T_2^k,\quad \cdots,\quad T_J^k]\in \mathbf{R}^{d_k\times J}$ 表示第 k 模态的目标模板集，$y_i^k\in \mathbf{R}^{d_k}$(其中 $i=1,2,\cdots,N$；$k=1,2,\cdots,K$)表示第 i 候选样本第 k 模态的特征向量表示。对应的目标函数为

$$\hat{\boldsymbol{C}}=\arg\min_{\boldsymbol{C}}\frac{1}{2}\sum_{k=1}^{K}\sum_{i=1}^{N}\|\boldsymbol{y}_i^k-\boldsymbol{T}^k\boldsymbol{c}_{(k-1)\times N+i}\|_2^2+\lambda\|\boldsymbol{W}\odot\boldsymbol{C}\|_{2,1}\tag{4.3}$$

式中，操作符 $\odot$ 的作用是将维数相同的两个矩阵或向量的对应元素相乘。第二项为

$$\|\boldsymbol{W}\odot\boldsymbol{C}\|_{2,1}=\sum_{j=1}^{J}\|\boldsymbol{w}^j\odot\boldsymbol{c}^j\|_2$$

与式(4.2)相比，式(4.3)引入了权值矩阵，即

$$\boldsymbol{W}=[w_1\quad w_2\quad \cdots\quad w_{N\times K}]=\begin{bmatrix}w^1\\w^2\\\vdots\\w^J\end{bmatrix}=\begin{bmatrix}w_1^1 & w_2^1 & \cdots & w_{N\times K}^1\\w_1^2 & w_2^2 & \cdots & w_{N\times K}^2\\\vdots & \vdots & & \vdots\\w_1^J & w_2^J & \cdots & w_{N\times K}^J\end{bmatrix}$$

式中，w_i^j 是由目标模板T_j 的第i/N 模态$T_j^{i/N}$ 表示候选样本$y_{i\%N}$ 的第i/N 模态$y_{i\%N}^{i/N}$ 的权值，其值为

$$w_i^j=\|y_{i\%N}^{i/N}-T_j^{i/N}\|_2\tag{4.4}$$

即$T_j^{i/N}$ 与$y_{i\%N}^{i/N}$ 之间的欧氏距离。

求解式(4.3)，可获得候选样本y_i 的稀疏表示系数，进一步可获得y_i 的重建误差r_i，即

$$r_i = \min_k \| y_i^k - \boldsymbol{T}^k \boldsymbol{c}_{(k-1)\times N+i} \|_2 \tag{4.5}$$

与前述章节相同,重建误差r_i可用于计算候选样本y_i的观察概率,即

$$P(z \mid s_i) = \mu \cdot \mathrm{e}^{-r_i} \tag{4.6}$$

式中,μ是归一化常量。对给定的一组候选样本$\{y_1, y_2, \cdots, y_N\}$,具有最大观察概率的候选样本$y_i$,则

$$i = \arg\max_j P(z \mid s_j) \tag{4.7}$$

被确定为目标。

4.3.2　多模态加权稀疏表示的目标函数求解

前述加权多模态稀疏表示的关键是求解式(4.3),其目标函数可表示为

$$f(\boldsymbol{C}) = \frac{1}{2}\sum_{k=1}^{K}\sum_{i=1}^{N} \| y_i^k - \boldsymbol{T}^k \boldsymbol{c}_{(k-1)\times N+i} \|_2^2 + \lambda \| \boldsymbol{W} \odot \boldsymbol{C} \|_{2,1} \tag{4.8}$$

式(4.8)为求解式,可构造辅助函数$g(\boldsymbol{C})$,有

$$g(\boldsymbol{C}) = \frac{1}{2}\sum_{k=1}^{K}\sum_{i=1}^{N} \| y_i^k - \boldsymbol{T}^k (\boldsymbol{w}_{(k-1)\times N+i})^{-1} \boldsymbol{c}_{(k-1)\times N+i} \|_2^2 + \lambda \| \boldsymbol{C} \|_{2,1} \tag{4.9}$$

其中

$$(\boldsymbol{w}_{(k-1)\times N+i})^{-1} = \begin{bmatrix} \dfrac{1}{w^1_{(k-1)\times N+i}} \\ \dfrac{1}{w^2_{(k-1)\times N+i}} \\ \vdots \\ \dfrac{1}{w^J_{(k-1)\times N+i}} \end{bmatrix}$$

与式(4.2)相同,$g(\boldsymbol{C})$也是一个多任务联合稀疏表示问题,可通过修改的 APG 算法[105]求解。假设目标函数$g(\boldsymbol{C})$和$f(\boldsymbol{C})$的最优解分别为$\hat{\boldsymbol{C}}' = \arg\min_{\boldsymbol{C}} g(\boldsymbol{C})$和$\hat{\boldsymbol{C}} = \arg\min_{\boldsymbol{C}} f(\boldsymbol{C})$,则类似于文献[112],存在对应关系

$$\hat{\boldsymbol{C}} = \boldsymbol{W}^{-1} \odot \hat{\boldsymbol{C}}'$$

其中

$$\boldsymbol{W}^{-1} = \begin{bmatrix} (\boldsymbol{w}_1)^{-1} & (\boldsymbol{w}_2)^{-1} & \cdots & (\boldsymbol{w}_{N\times K})^{-1} \end{bmatrix} = \begin{bmatrix} (w^1)^{-1} \\ (w^2)^{-1} \\ \vdots \\ (w^J)^{-1} \end{bmatrix}$$

$$
= \begin{bmatrix} \frac{1}{w_1^1} & \frac{1}{w_2^1} & \cdots & \frac{1}{w_{N\times K}^1} \\ \frac{1}{w_1^2} & \frac{1}{w_2^2} & \cdots & \frac{1}{w_{N\times K}^2} \\ \vdots & \vdots & & \vdots \\ \frac{1}{w_1^J} & \frac{1}{w_2^J} & \cdots & \frac{1}{w_{N\times K}^J} \end{bmatrix}
$$

4.3.3 多模态加权稀疏表示的模板更新策略

在模板更新策略上，本章将目标模板区分为静态模板和动态模板。静态模板由第 1 帧的被跟踪目标构成，不更新；动态模板在跟踪过程中动态变化，动态更新。具体的模板更新策略如下。

(1) 静态模板。

将第 1 帧的被跟踪目标添加到目标模板集 $\boldsymbol{T}$ 中，作为第 1 个目标模板 T_1，不更新。

(2) 动态模板。

将第 1 帧的被跟踪目标及其周围较小范围内采样的 $J-2$ 个样本做为 $T_2 \sim T_J$，添加到目标模板集 $\boldsymbol{T}$ 中。从第 2 帧开始，动态模板按照下述策略更新，确定当前帧目标外观是否发生较大变化。如果变化量大于某个给定阈值，则更新目标模板集，否则不更新。具体来讲，如果估计当前帧被跟踪目标 y_i 时根据第 k 模态，并且 y_i^k 与目标模板 T_j^k 的相似度小于某个给定阈值 τ，则用被跟踪目标 y_i 更新最差目标模板 T_l，其中

$$
i = \arg\max_m P(z \mid s_m)
$$

$$
k = \arg\min_n \| y_i^n - \boldsymbol{T}^n c_{(k-1)\times N+i} \|_2
$$

$$
j = \arg\min_p \| T_p^k - y_i^k \|_2
$$

$$
l = \arg\max_q \| T_q^k - y_i^k \|_2
$$

4.3.4 基于多模态加权稀疏表示的目标跟踪算法

本章对候选样本和目标模板的各模态特征均进行局部归一化处理，得到对应模态的特征向量表示，具体处理过程见 3.3.4 节。

将 4.2 节给出的基于多模态加权稀疏表示的目标跟踪框架与 4.3 节给出的多模态加权稀疏表示方法相结合，就形成了基于多模态加权稀疏表示的目标跟踪方法，其具体实现过程见算法 4.1。

算法 4.1：基于多模态加权稀疏表示的目标跟踪算法。

输入：待跟踪视频图像序列。
输出：被跟踪目标各时刻状态$x_t (t=1,2,\cdots)$
1.初始化：在第 1 帧手工标记目标状态x_0及目标模板集$[T_1, T_2, \cdots, T_J]$。
2.循环：从第 2 帧开始，重复地顺次执行如下步骤，直至最后 1 帧结束。
(1) 在距上一帧目标位置x_{t-1}小于 r 像素的范围内采样 N 个候选样本$\{x_1, x_2, \cdots, x_N\}$，并提取每一候选样本的各模态局部归一化特征向量$\{y_1^k, y_2^k, \cdots, y_N^k\}_{k=1}^K$。
(2) 通过求解式(4.3)，获得稀疏表示系数矩阵 $\hat{\boldsymbol{C}}$。
(3) 通过式(4.5) 和式(4.6)，计算每个候选样本y_i的重建误差r_i和观察概率$P(z \mid s_i)$。
(4) 将满足条件 $i=\arg\max_j P(z \mid s_j)$ 的候选样本x_i确定为当前帧的被跟踪目标。
(5) 自适应模板更新。如 4.3.3 节所示，计算被估计目标y_i和与它最相似的目标模板T_j的相似度。如果相似度小于某个阈值 τ，则用估计的目标y_i更新目标模板集 T。

4.4　实验验证及结果分析

为验证本章所提出的基于多模态加权稀疏表示目标跟踪算法的跟踪性能，在具有 3 GB 内存的 AMD Sempron X2 198 CPU(2.5 GHz) 计算机上采用 Matlab 2011b 对该算法进行编码实现，并对比了本章方法与其他六种方法(MIL[66]、CT[70]、L1APG[54]、MTT[56]、第 2 章方法 MS、第 3 章方法 WS) 在三种不同跟踪场景下的跟踪性能。其中，MIL 是 Babenko 等提出的一种基于在线多示例学习的目标跟踪方法，该方法通过构造正负示例包来克服正负样本的模糊性，减少样本的标记偏差；CT 是由香港理工大学张开华基于压缩感知思想提出的，采用一组数据无关基提取多尺度图像特征，降低特征维数的一种跟踪方法；L1APG 是由 Mei 等提出的一种基于最小错误界的快速 l_1 跟踪算法；MTT 方法对候选样本进行联合稀疏表示，以反映候选样本之间的潜在关联，使得跟踪系统更适于目标外观的各种复杂变化。这里需提及的是，由于这四种对比方法均提供源码，因此有利于对比的公平性。另外，本实验中涉及的参数部分参照了 L1APG 源码中的参数设置，具体情况为：目标模板数 M 为 10，候选样本数 N 为 600，每个候选样本或目标模板均被放缩到 32×32 像素并被划分为 4×4 区域以提取局部归一化特征，正则参数 λ 被设置为 0.000 2，目标函数优化过程中的迭代次数被设置为 5，模板更新阈值 τ 被设置为 0.4。

本实验中的三种不同跟踪场景分别为亮度变化、姿势变化及目标遮挡。下面将给出三种不同跟踪场景下的跟踪性能。

1. 亮度变化场景

选择 Singer1[37] 和 Car4[37] 两个视频图像序列验证算法在亮度变化场景下的跟踪性能，其中两视频序列包含的帧数分别为 321 帧和 659 帧，图像分辨率分别为 624×352 像素和 720×480 像素。具体的跟踪结果如图 4.2 所示。

(a) 序列Singer1

(b) 序列Car4

图 4.2

图 4.2　多模态加权稀疏表示目标跟踪算法（红色线）与跟踪算法 CT（蓝色线）、L1APG（绿色线）、MIL（品红色线）、MTT（黑色线）、MS（青色线）及 WS（黄色线）在亮度变化场景下的跟踪结果

在视频图像序列 Singer1 中，有一女孩在灯光闪烁的舞台上歌唱，并伴随着音乐旋律舞动。当场景亮度逐渐变亮时，本章方法、MS 方法及 WS 方法均能可靠跟踪，L1APG 方法产生较小偏差，而其他三种方法产生较大偏差，如图 4.2(a) 第 101 帧所示。当场景亮度逐渐恢复时，WS 开始产生一定偏差，如图 4.2(a) 第 217 帧所示。随着跟踪的继续，L1APG、MS、WS 及本章方法最终能够跟踪目标，如图 4.2(a) 第 307 帧所示。

视频图像序列 Car4 的被跟踪目标是一辆行驶中的小汽车。汽车在行驶的过程中，会从一立交桥下经过，从而产生场景的亮度变化。可以看到，L1APG 方法、MS 方法及 WS 方法在场景亮度变化的过程中均产生轻微偏差，本章方法可以可靠跟踪,其他方法均产生较大跟踪偏差,如图 4.2(b) 第 198 帧、第 225 帧及第 281 帧所示。

由以上两个视频图像序列的跟踪结果可以看到,本章算法能够在亮度变化场景下健壮跟踪。原因有三个方面:一是本章算法使与候选样本相似的目标模板具有更大的可能来表示候选样本,提高了跟踪精度;二是局部归一化特征作为一种亮度不变特征,能够很好地适应亮度变化;三是多模态特征互补可以产生理想的跟踪结果。

2. 姿势变化场景

选择 Dudek[94]、Sylvester2008b[94]、Stone[48] 及 DavidIndoor[38] 四个视频图像序列验证算法在被跟踪目标姿势变化场景下的跟踪性能,其中四视频序列包含的帧数分别为 573 帧、367 帧、593 帧和 462 帧,图像分辨率分别为 720×480 像素、640×480 像素、320×240 像素和 320×240 像素。

在视频图像序列 Dudek 中,一男子坐在椅子上,并在摄像机前改变姿势。在开始的若干帧内,男子姿势变化不大,本章方法及其他六个方法均能产生较为理想的跟踪结果,如图 4.3(a) 第 75 帧所示。随后该男子姿势变化较大,L1APG、MS、WS 及本章方法具有较好的跟踪结果,如图 4.3(a) 第 434 帧所示,其中本章方法最好。当男子向下后又向上运动时,L1APG、MS 及 WS 均产生较大偏差,而本章方法较为理想,如图 4.3(a) 第 513 帧所示。

在视频图像序列 Sylvester2008b 中,被跟踪目标(玩偶)的姿势不断发生变化。其间,MS、WS 及本章方法能可靠跟踪,MTT 算法随着跟踪逐渐产生偏差,其他方法偏差较大,如图 4.3(b) 第 78、287 及 366 帧所示。

在视频图像序列 Stone 中,一男子手拿一石子在摄像机前运动。从图 4.3(c) 所示的第 139、532 及 593 帧中可以看到,在整个跟踪过程中,MTT、L1APG、MS 及本章方法均能可靠跟踪。相较而言,本章方法的跟踪效果较好,而其他三种方法逐渐偏离目标,并最终丢失目标。

在视频图像序列 DavidIndoor 中,一男子在摄像机前不断变换姿势和表情,而且变化幅度较大。从图 4.3(d) 所示的第 136、322 及 462 帧中可以看到,MIL 和 CT 能够跟踪目标,但具有较大偏差;L1APG、MTT 及 WS 偏离并最终丢失目标;而 MS 及本章方法能够可靠地跟踪目标。

从跟踪结果看,本章算法的跟踪精度较为理想,这既归结于加权步骤,也取决于多模态特征的联合稀疏表示。

(a) 序列Dudek

(b) 序列Sylvester2008b

(c) 序列Stone

(d) 序列DavidIndoor

图 4.3

图 4.3　多模态加权稀疏表示目标跟踪算法（红色线）与跟踪算法 CT（蓝色线）、L1APG（绿色线）、MIL（品红色线）、MTT（黑色线）、MS（青色线）及 WS（黄色线）在姿势变化场景下的跟踪结果

3. 目标遮挡场景

在视频图像序列 Caviar1、Caviar2、Occlusion1 及 Dudek 中，出现了被跟踪目标被部分或严重遮挡的情况，其中各视频图像序列包含的帧数分别为 382 帧、500 帧、898 帧和 573 帧，图像分辨率分别为 384 × 288 像素、384 × 288 像素、352 × 288 像素和 640 × 480 像素。

在视频图像序列 Caviar1 中，一女子背向摄像机与同伴沿长廊结伴前行。开始时 L1APG、MTT、MS、WS 及本章方法均能可靠跟踪，而 CT 及 MIL 逐渐偏离目标，如图 4.4(a) 第 82 帧所示；当出现遮挡时，L1APG 和 MTT 也逐渐偏离目标，而 MS、WS 及本章方法能够可靠跟踪，MS 及本章方法略好，如图 4.4(a) 第 118 帧所示；随后 MS、WS 及本章方法能够一直可靠跟踪，而其他方法丢失目标，如图 4.4(a) 第 380 帧所示。

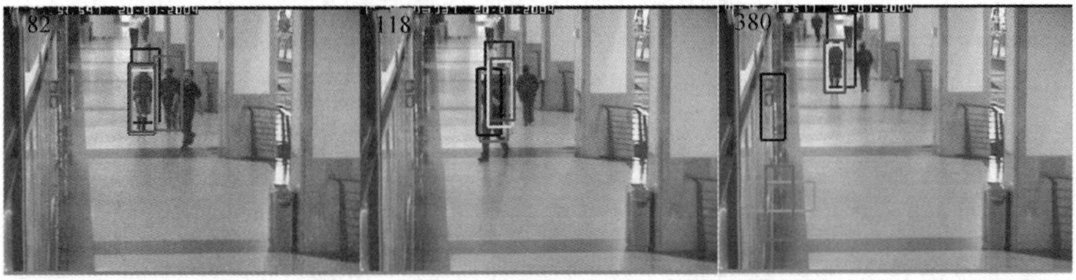

(a) 序列Caviar1

(b) 序列Caviar2

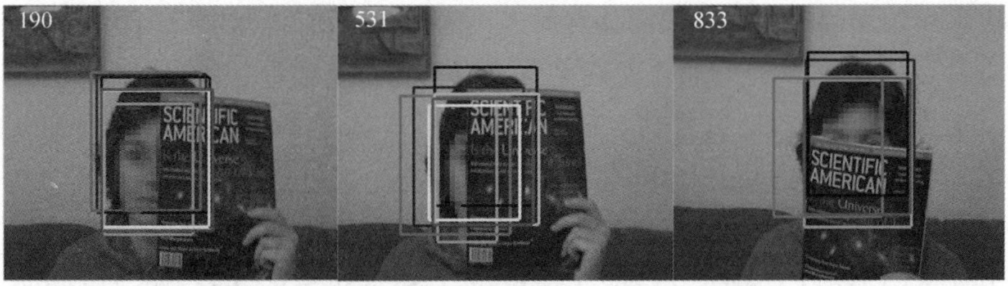

(c) 序列Occlusion1

(d) 序列Dudek

图 4.4

图 4.4　多模态加权稀疏表示目标跟踪算法(红色线) 与跟踪算法 CT(蓝色线)、L1APG(绿色线)、MIL(品红色线)、MTT(黑色线)、MS(青色线) 及 WS(黄色线) 在遮挡场景下的跟踪结果

在视频图像序列 Caviar2 中，一男子面向摄像机沿长廊前行，其间另一男子横穿长廊，发生遮挡。可以看到，CT、MIL、L1APG、MTT、WS 等方法均不同程度地产生偏差，其中 CT、MIL、L1APG 偏差较大，而 MS 及本章方法效果较好，能够可靠跟踪。如图 4.4(b) 第 166、212 帧所示，它们分别给出了遮挡开始及遮挡即将结束时刻各方法的跟踪效果。遮挡解除后，CT、MIL、L1APG 方法最终丢失目标，MTT 方法偏离目标，具有较大偏差，而 MS、WS 和本章方法能够可靠跟踪目标，如图 4.4(b) 第 500 帧所示。

在视频图像序列 Occlusion1 中，被跟踪对象为一女子的脸部，其间发生该女子拿书遮挡脸部不同部位的情况。从图 4.4(c) 给出的 3 帧(第 190、531 和 833 帧) 跟踪结果中可以看到，当发生遮挡时，CT、MIL、L1APG、MTT、MS、WS 及本章方法都能跟踪目标，但都不同程度地产生偏差，其中本章方法偏差最小。

在视频图像序列 Dudek 中，被跟踪对象为一男子的脸部，其间发生该男子用手遮挡脸部及脸部部分移出摄像头的情况，如图 4.4(d) 第 106、495 和 511 帧所示。可以看出，当发生遮挡时，CT、MIL、L1APG、MTT、MS、WS 及本章方法均不同程度地产生偏差。相对而言，本章方法效果较好。

从以上跟踪结果看，本章方法能够在各种遮挡场景下可靠跟踪。原因是本章方法采用局部归一化特征能够有效应对遮挡，对所有目标模板加权及使用多模态联合稀疏表示，使得整个跟踪系统具有更好的表示和跟踪能力。

通过以上实验，可以看到本章方法能够适应亮度变化、遮挡及姿势变化等场景。实际上，在跟踪过程中，被跟踪目标可能受到包括亮度变化、遮挡、姿势变化等各种复杂因素的综合影响。图 4.5 给出了本章算法与其他六种跟踪方法在 Car4、Caviar1、Caviar2、Dudek、Occlusions1、Singer1、Sylvester2008b、DavidIndoor 及 Stone 共九个视频图像序列上的位置误差曲线图。可以看到，本章方法在不同视频图像序列上均取得了较为理想的跟踪效果。

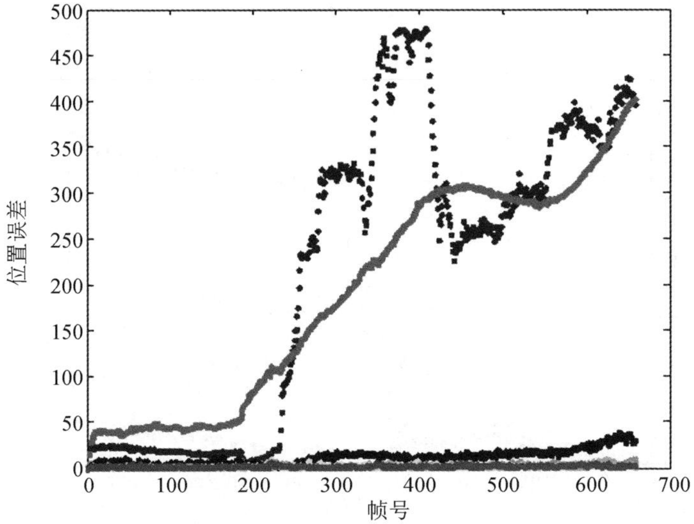

(a) 序列Car4

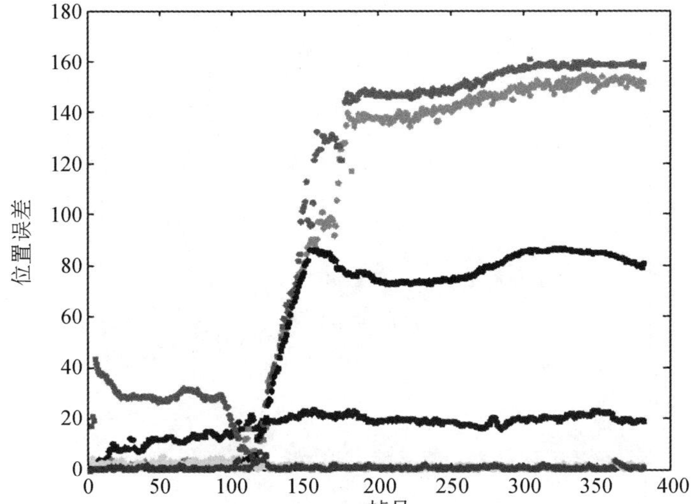

(b) 序列Carviar1

图 4.5　多模态加权稀疏表示目标跟踪算法（红色线）与跟踪算法 CT（蓝色线）、L1APG（绿色线）、MIL（品红色线）、MTT（黑色线）、MS（青色线）及 WS（黄色线）的位置误差曲线图

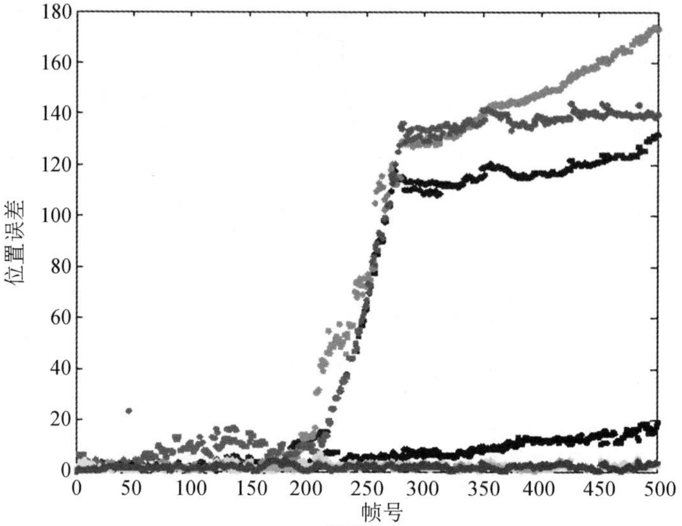

(c) 序列Carviar2

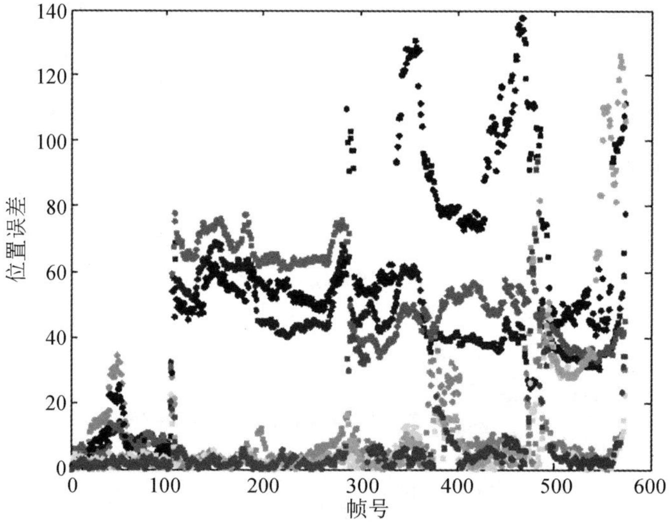

(d) 序列Dudek

续图 4.5

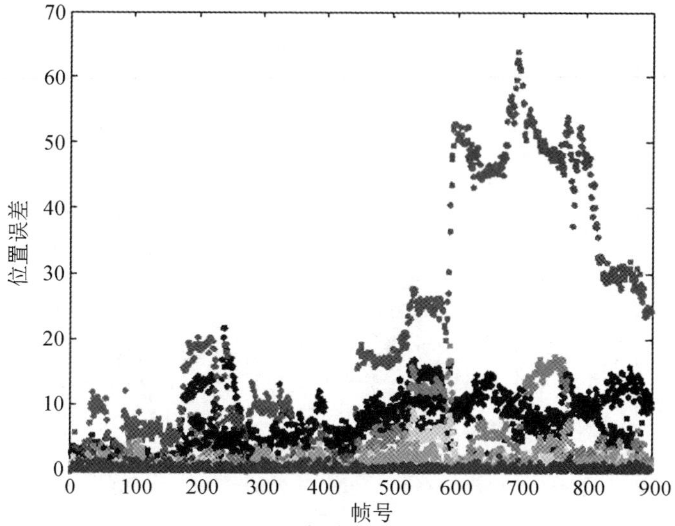

(e) 序列Occlusion1

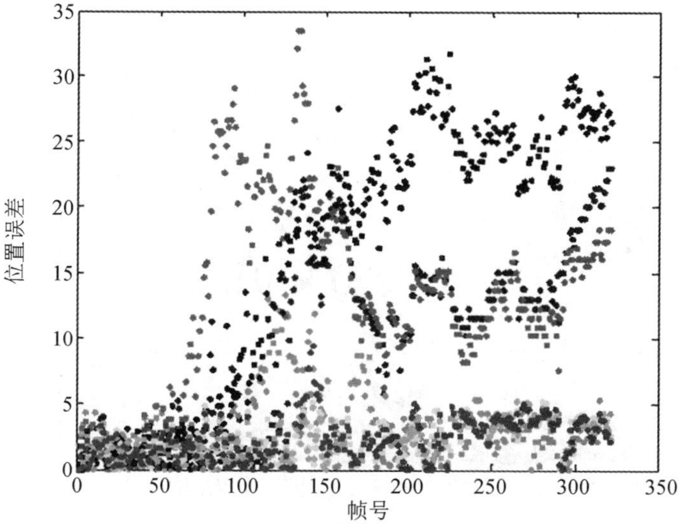

(f) 序列Singer1

续图 4.5

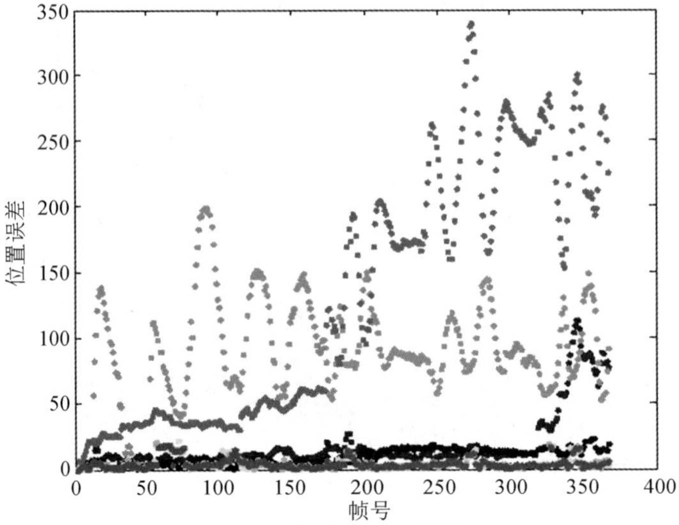

(g) 序列Sylvester2008b

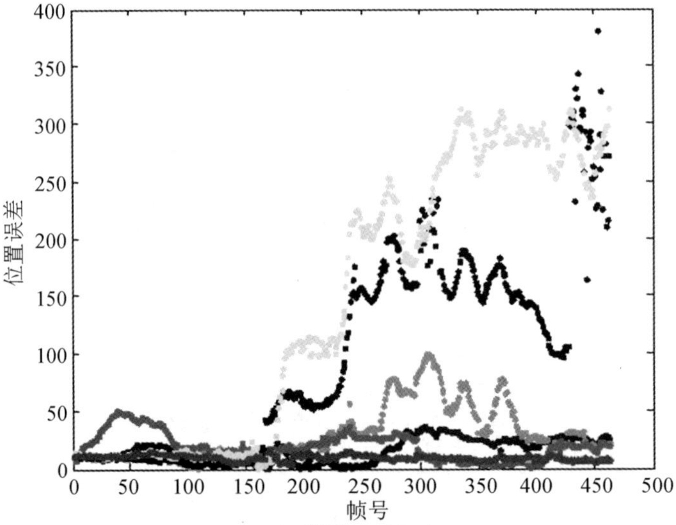

(h) 序列DavidIndoor

续图 4.5

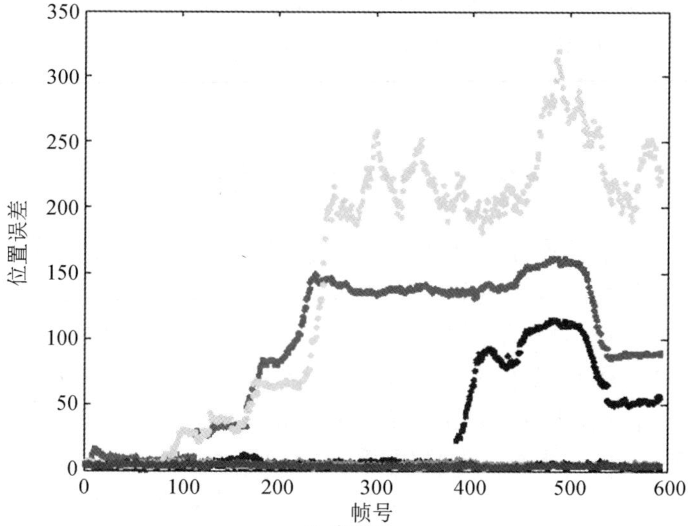

(i) 序列Stone

续图 4.5

图 4.5

表 4.1 进一步给出了本章方法与其他六种跟踪方法在上述不同视频图像序列上的平均中心点位置误差，其中每行加粗数据表示最小跟踪误差，加下划线数据表示次小跟踪误差。表 4.1 数据表明，在不同视频图像序列上，本章方法的平均中心点误差最小或次小。

表 4.1　多模态加权稀疏表示目标跟踪算法与其他流行跟踪方法的平均跟踪误差

单位：像素

序列	CT	L1APG	MIL	MTT	MS	WS	Our
Car4	217.655	2.766	191.770	12.080	2.142	2.037	**1.981**
Caviar1	17.205	89.997	103.608	53.103	**0.890**	1.434	0.907
Caviar2	61.922	77.026	72.507	6.179	**1.627**	1.838	1.722
Dudek	39.455	8.284	45.444	58.809	13.178	**5.088**	6.529
Occlusions1	6.202	4.178	22.208	6.637	1.315	1.318	**0.503**
Singer1	11.232	1.903	14.739	9.664	**0.598**	0.656	0.618
Sylvester2008b	18.225	89.805	128.954	9.527	4.476	**4.172**	4.210
DavidIndoor	16.512	29.478	19.971	99.049	9.918	144.486	9.913
Stone	31.834	4.565	95.560	**3.485**	3.994	146.359	3.949

在时间性能方面，多模态加权稀疏表示目标跟踪算法的时间复杂度降为 $O(nkpm^2)$。其中，n 为视频帧数；k 为模态数；p 为特征维数；m 为目标模板数。

4.5 本章小结

本章针对目标跟踪过程中亮度变化、遮挡、姿势变化等影响因素，提出了一种基于多模态加权稀疏表示的目标跟踪方法。一方面，由于目标模板存在差异，在候选样本表示时具有不同的表示能力，因此本章通过对目标模板加权来反映其与候选样本的相似性；另一方面，由于不同模态特征的表示能力存在差异，因此本章通过融合多模态特征来表示每一候选样本。与其他目标跟踪方法在三种不同场景下的九个视频图像序列上进行对比实验，结果表明本章方法在各种复杂跟踪场景下均能可靠跟踪，具有较好的跟踪效果。

第 5 章　基于核稀疏表示的目标跟踪

5.1　引　言

已有工作表明，基于稀疏表示的目标跟踪方法在噪声、部分遮挡等跟踪场景下具有非常好的跟踪性能，然而这些工作均没有验证在目标快速运动与模糊跟踪场景下的情况。实际验证发现，基于稀疏表示目标跟踪方法在这类目标快速运动与模糊场景下的跟踪性能不尽理想。

目标快速运动造成的模糊又称运动模糊，是一种图像退化，其实质是摄像时相机与被摄物体之间的相对运动造成曝光瞬间感光介质相对被摄物体影像相对运动，也就是存在着像移。运动模糊图像的恢复方法按照恢复方式可分为两类方法，即空间域的代数方法和频率域方法。由于现有的目标跟踪过程直接在视频图像序列各图像帧内进行搜索，寻找最可能的目标区域，不考虑图像恢复等预处理步骤，因此本章不讨论运动模糊的处理与恢复。

核方法是模式识别和机器学习中的一种常用算法，是解决非线性模式分析问题的一种有效途径。其基本原理是通过非线性变换将原始数据映射到高维特征空间，然后利用通用的线性学习器在这个新空间中分析和处理模式。该方法的关键点是，能用核函数将非线性映射隐含在线性学习器中进行同步计算，也就是将高维度中向量的内积通过低维度点的核函数来计算，使得计算复杂度与高维特征空间的维数无关，从而实现高效计算。近年来，核方法得到了广泛发展，许多传统的模式识别方法通过运用核方法，显著地提高了性能，如 SVM[113]、核最近邻(KNN)[114]、核主成分分析(KPCA)[115]、核 fisher 判别分析(KFD)[116] 等。由于核方法通过非线性变换将样本映射到高维空间来改变样本的分布，因此通过选择合适的核函数，相似的样本在高维空间会聚集到一起。受其启发，本章将核方法运用到基于稀疏表示的视频目标跟踪中，通过核函数隐含地将样本映射到高维空间，解决目标快速运动与模糊场景下的跟踪。

本章剩余章节内容安排如下：5.2 节对核方法进行了回顾，包括它的产生、发展、基本原理等；5.3 节介绍了基于核稀疏表示的目标跟踪方法，包括跟踪框架、核稀疏表示、目标函数求解和目标跟踪算法；5.4 节对所提出的算法进行了实验及结果分析；5.5 节对整章内容进行了总结。

5.2 核 方 法

本章方法是核方法在基于稀疏表示目标跟踪方法中的应用。为便于对本章方法的理解，本节首先对核方法进行回顾，包括核方法原理及核函数两个方面。

5.2.1 核方法原理

核方法是解决非线性模式分析问题的一种有效途径，其研究可追溯到 20 世纪初 Mercer 发表的经典论文[117]。但直到近年来，随着统计学习理论的发展，特别是 SVM 的提出，核方法才得到研究学者的广泛重视。

核方法中非线性映射示意图如图 5.1 所示，核方法是通过一个非线性函数 $\varphi(\cdot)$ 将输入数据 x 从原始输入空间 $\mathbf{R}^d$ 映射到某一高维特征空间 H，即

$$\varphi(x):\mathbf{R}^d \rightarrow H, x \in \mathbf{R}^d$$

使得原始空间中的非线性问题或线性不可分问题在该高维特征空间中被线性可分，从而可利用通用的线性学习器在新空间中分析和处理模式。

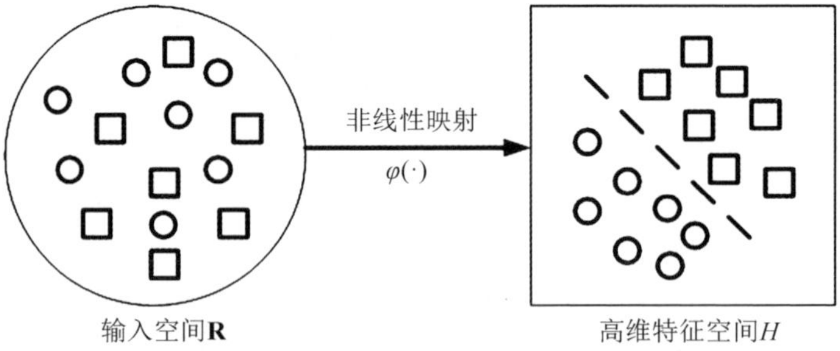

图 5.1 核方法中非线性映射示意图

相较于使用通用非线性学习器直接在原始数据上进行分析，核方法具有以下三个明显优势。

(1) 通用非线性学习器不易于反映具体应用问题特性，而核方法的非线性映射能够面向具体的应用问题，便于集成问题的先验知识。

(2) 与非线性学习相比，线性学习器具有更好的过拟合控制，能够更好地保证泛化性能。

(3) 核方法能够实现高效计算，它能利用核函数将非线性映射隐含在线性学习器中进行同步计算，从而使得计算复杂度与高维特征空间的维数无关。

5.2.2 核函数

核方法的关键在于其技巧性地利用核函数 $K(\cdot,\cdot)$ 来隐含地完成非线性映射 $\varphi(\cdot)$ 过程。核函数的定义形式为

$$K(x,y)=\langle\varphi(x),\varphi(y)\rangle$$

式中,x 和 y 表示原始输入空间 $\mathbf{R}^d$ 中给定的两个数据样本;$\varphi(x)$ 和 $\varphi(y)$ 表示 x 和 y 在高维特征空间 H 中的像。选择核函数的意义在于可将高维空间中的内积运算通过原始输入空间的核函数来计算,因此将选择非线性映射函数的问题有效地转化为选择合适的核函数问题。

核函数理论较为久远,其在机器学习领域的应用可追溯到 1964 年,当时 Aizermann 等[118] 在势函数方法的研究中引入了核函数技术。而核函数的充分、快速发展则归功于 1992 年 Vapnic 等利用核函数技术成功地将线性 SVM 推广到非线性 SVM,有效地解决非线性问题线性化的问题,使得核函数的潜力得以充分挖掘。

1. 核函数的选择

核函数的选择和确定并不困难,满足 Mercer 定理的函数均可以作为核函数。Mercer 定理的内容是:任何半正定函数都可以作为核函数。半正定函数 $f(x_i,x_j)$ 是指拥有训练数据集合$(x_1,x_2,\cdots,x_n)$,定义 $n\times n$ 矩阵,其元素为 $a_{ij}=f(x_i,x_j)$,如果这个矩阵是半正定的,那么 $f(x_i,x_j)$ 就称为半正定函数。

Mercer 定理是核函数的充分条件,而不是必要条件,即还有不满足 Mercer 定理的函数也可以是核函数。

在核函数选择问题上,需考虑以下两方面的因素:

(1) 设计者在此方面的知识;

(2) 映射后的特征空间维数可能是任意高的,在实际应用中会受到计算复杂度和存储空间的限制。

2. 常见核函数

常见核函数如下。

(1) 线性核函数(linear kernel)。

$$K(\boldsymbol{x},\boldsymbol{y})=\boldsymbol{x}^{\mathrm{T}}\boldsymbol{y}+c$$

(2) 多项式核函数(polynomial kernel)。

$$K(\boldsymbol{x},\boldsymbol{y})=(a\boldsymbol{x}^{\mathrm{T}}\boldsymbol{y}+c)^{d}$$

(3) 径向基核函数(radical basis function,RBF)。

$$K(\boldsymbol{x},\boldsymbol{y})=\mathrm{e}^{-\gamma\|x-y\|^{2}}$$

该函数定义球形核。

(4)Sigmoid 核函数(sigmoid tanh kernel)。

$$K(\boldsymbol{x},\boldsymbol{y})=\tanh(a\boldsymbol{x}^{\mathrm{T}}\boldsymbol{y}+c)$$

(5) 其他核函数。

在常见核函数的基础上,根据核函数的性质,可以进一步构造新的核函数,如幂指数核函数、拉普拉斯核函数、ANOVA 核、二次有理核、多元二次核、逆多元二次核等。

3. 核函数的特点

(1) 核函数的引入有效避免了非线性映射带来的“维数灾难”问题,大大减少了系统计算量。而核函数矩阵的大小与输入空间的维数无关,因此可以采用核函数方法有效处理高维输入。

(2) 核函数矩阵的生成取决于输入向量与所选定的核函数,而与非线性变换函数 $\varphi(\cdot)$ 的形式和参数无关。

(3) 选择不同核函数形式和参数,会隐含地改变非线性映射及其对应特征空间的性质,并最终影响使用核函数的各种模式识别算法的性能。

(4) 在具体应用中,核函数与算法的设计可以独立进行,即为不同应用选择不同的核函数和算法。

5.3 基于核稀疏表示的目标跟踪方法

5.3.1 核稀疏表示目标跟踪框架

基于稀疏表示的基准目标跟踪方法将候选样本表示为一组目标模板的稀疏线性组合,对帧间的目标外观的平滑变化具有较好的跟踪效果。但当出现目标快速运动与模糊等突变场景时,跟踪性能不尽理想。实际上,目标快速运动产生的模糊是由曝光时间及摄像机与目标之间的快速相对运动造成的,通常可建模为图像与某一模糊核的卷积。要去除运动模糊的影响,需要估计模糊核,执行逆变换。然而,这在图像处理中是较为复杂、耗时的,不适于视频跟踪。由于核方法可以通过非线性映射将样本映射到高维特征空间,使得在高维空间中,同类样本更易于聚集在一起,样本集线性可分,因此人们采用核方法对许多原有模式识别方法进行改造,提出了许多改进算法[113-116],大大提高了原有方法的性能。近年来,人们尝试采用核方法来提高稀疏表示性能,提出了基于核稀疏表示的分类方法[119-121],提高了分类系统的性能。受其启发,本节提出目标快速运动与模糊场景下基于核稀疏表示的目标跟踪方法,通过核方法将候选样本及目标模板映射到高维空间来改变样本的分布,使得在该高维空间,通过稀疏表示,候选样本能够表示为与其最相似的一组目标模板的线性组合,从而提高候选样本的稀疏表示精度,并提高跟踪性能。图 5.2 所示为基于核稀疏表示的目标跟踪框架。与稀疏表示的基准跟踪方法相比,差别在于该方法对候选样本进行核稀疏表示,即通过核技巧将候选样本及目标模板映射到高维特征空间,然后对候选样本进行稀疏表示。

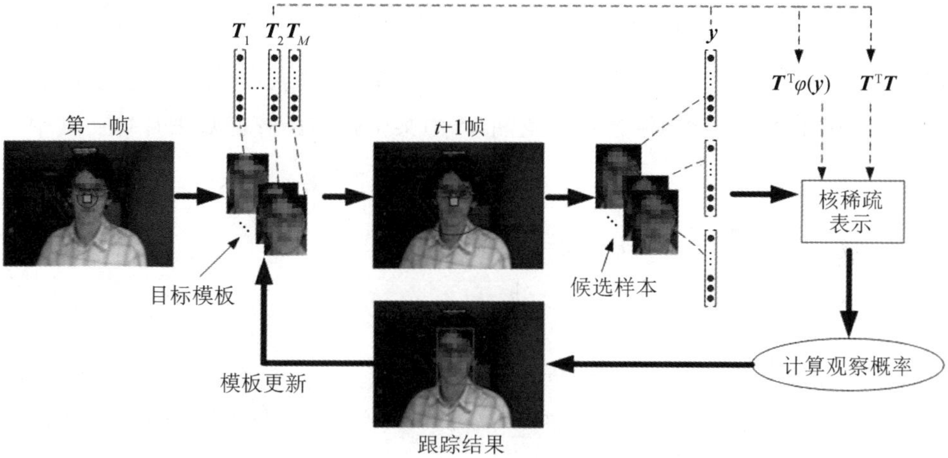

图 5.2　基于核稀疏表示的目标跟踪框架

5.3.2　核稀疏表示

图 5.2 表明,对于基于核稀疏表示的目标跟踪方法,关键是候选样本的核稀疏表示。本节给出候选样本的核稀疏表示过程。

在基于稀疏表示的基准跟踪方法中,候选样本 $\boldsymbol{y}$ 在图 2.1 所示的原始全局灰度特征空间$\mathbf{R}^d$ 中被稀疏表示为目标模板$\{T_1, T_2, \cdots, T_M\}$的线性组合。而核稀疏表示方法通过选择某个映射函数 $\varphi(\cdot)$，如图 5.1 所示，将候选样本 $\boldsymbol{y}$ 和目标模板集 $\{T_1, T_2, \cdots, T_M\}$ 映射到高维特征空间 H 中，得到 $\varphi(\boldsymbol{y})$ 和 $\boldsymbol{T}=\{\varphi(T_1), \varphi(T_2), \cdots, \varphi(T_M)\}$。然后在该高维特征空间 H 中，通过优化目标函数

$$\boldsymbol{c}=\arg\min_{\boldsymbol{c}'} \|\boldsymbol{c}'\|_1, \quad \text{s.t. } \varphi(\boldsymbol{y})=\boldsymbol{T}\boldsymbol{c}' \tag{5.1}$$

将映射后的候选样本 $\varphi(\boldsymbol{y})$ 稀疏表示为映射后的所有目标模板 T 的线性组合。式中，$\boldsymbol{c}$ 为对应的稀疏表示系数向量。通过放松式(5.1)中的约束条件，$\varphi(y)$ 的稀疏表示系数向量 $\boldsymbol{c}$ 可通过优化函数

$$\boldsymbol{c}=\arg\min_{\boldsymbol{c}'} \|\varphi(\boldsymbol{y})-\boldsymbol{T}\boldsymbol{c}'\|_2+\lambda\|\boldsymbol{c}'\|_1 \tag{5.2}$$

求解。式中，λ 为折中参数，用来在重建误差与稀疏性间进行权衡。此时，问题似乎很明晰，可直接求解。然而，实际上式(5.2)中的 $\varphi(\boldsymbol{y})$ 和 $\boldsymbol{T}$ 都是未知的，因此稀疏表示系数 $\boldsymbol{c}$ 不能直接求解。不过，根据 Kwon 等[35] 给出的定理，$\boldsymbol{c}$ 可通过

$$\boldsymbol{c}=\arg\min_{\boldsymbol{c}'} \|\boldsymbol{T}^{\mathrm{T}}\varphi(\boldsymbol{y})-\boldsymbol{T}^{\mathrm{T}}\boldsymbol{T}\boldsymbol{c}'\|_2+\lambda\|\boldsymbol{c}'\|_1 \tag{5.3}$$

求解。而在式(5.3)中，所需求解的 $\boldsymbol{T}^{\mathrm{T}}\varphi(\boldsymbol{y})$ 和 $\boldsymbol{T}^{\mathrm{T}}\boldsymbol{T}$ 可通过核技巧将高维特征空间 H 中的内积转化为原始特征空间 $\mathbf{R}^d$ 中某个选定的核函数来计算。其中

$$\boldsymbol{T}^{\mathrm{T}}\varphi(\boldsymbol{y})=\begin{bmatrix}\langle\varphi(T_1),\varphi(y)\rangle\\ \langle\varphi(T_2),\varphi(y)\rangle\\ \vdots\\ \langle\varphi(T_M),\varphi(y)\rangle\end{bmatrix}$$

$$\boldsymbol{T}^{\mathrm{T}}\boldsymbol{T}=\begin{bmatrix}\langle\varphi(T_1),\varphi(T_1)\rangle & \langle\varphi(T_1),\varphi(T_2)\rangle & \cdots & \langle\varphi(T_1),\varphi(T_M)\rangle\\ \langle\varphi(T_2),\varphi(T_1)\rangle & \langle\varphi(T_2),\varphi(T_2)\rangle & \cdots & \langle\varphi(T_2),\varphi(T_M)\rangle\\ \vdots & \vdots & & \vdots\\ \langle\varphi(T_M),\varphi(T_1)\rangle & \langle\varphi(T_M),\varphi(T_2)\rangle & \cdots & \langle\varphi(T_M),\varphi(T_M)\rangle\end{bmatrix}$$

设选定的核函数为 $K(\cdot,\cdot)$，则高维特征空间 H 中 $\varphi(y_i)$ 与 $\varphi(y_j)$ 的内积可被计算为

$$\langle\varphi(y_i),\varphi(y_j)\rangle=K(y_i,y_j)$$

这样，$\boldsymbol{T}^{\mathrm{T}}\varphi(\boldsymbol{y})$ 和 $\boldsymbol{T}^{\mathrm{T}}\boldsymbol{T}$ 可被分别表示为

$$\boldsymbol{T}^{\mathrm{T}}\varphi(\boldsymbol{y})=\begin{bmatrix}K(T_1,y)\\K(T_2,y)\\\vdots\\K(T_M,y)\end{bmatrix}$$

$$\boldsymbol{T}^{\mathrm{T}}\boldsymbol{T}=\begin{bmatrix}K(T_1,T_1) & K(T_1,T_2) & \cdots & K(T_1,T_M)\\K(T_2,T_1) & K(T_2,T_2) & \cdots & K(T_2,T_M)\\\vdots & \vdots & & \vdots\\K(T_M,T_1) & K(T_M,T_2) & \cdots & K(T_M,T_M)\end{bmatrix}$$

在基于稀疏表示的基准跟踪方法中，考虑到跟踪过程中可能出现的噪声和遮挡，通过引入一组 trivial 模板来解释可能出现的噪声和遮挡。实际上该做法是通过引入 trivial 模板来实现对稀疏表示误差的解释。同样，在高维特征空间 H 中，通过引入一组 trivial 模板来表示可能出现的误差。这样，式(5.3) 被转换为

$$\boldsymbol{\alpha}=\arg\min_{\boldsymbol{\alpha}'}\|\boldsymbol{T}^{\mathrm{T}}\varphi(\boldsymbol{y})-\boldsymbol{A}\boldsymbol{\alpha}'\|_2+\lambda\|\boldsymbol{\alpha}'\|_1 \tag{5.4}$$

式中，$\boldsymbol{A}$ 为扩展 trivial 模板集 $\boldsymbol{I}\in\mathbf{R}^{M\times M}$($M$ 为目标模板数) 后的模板集，有

$$\boldsymbol{A}=[\boldsymbol{T}^{\mathrm{T}}\boldsymbol{T}\quad\boldsymbol{I}]$$

$\boldsymbol{\alpha}'$ 为与模板集 $\boldsymbol{A}$ 对应的稀疏表示系数向量，有

$$\alpha'=\begin{bmatrix}\boldsymbol{c}'\\\boldsymbol{e}'\end{bmatrix}$$

其中，$\boldsymbol{e}'$ 是与 trivial 模板集 $\boldsymbol{I}$ 对应的稀疏表示系数向量；$\boldsymbol{\alpha}$ 为稀疏表示系数向量 $\boldsymbol{\alpha}'$ 的优化解，有

$$\boldsymbol{\alpha}=\begin{bmatrix}\boldsymbol{c}\\\boldsymbol{e}\end{bmatrix}$$

优化求解式(5.4) 得到稀疏表示系数向量 $\boldsymbol{\alpha}$ 后，计算候选目标的重建误差 r，有

$$r=\|\boldsymbol{T}^{\mathrm{T}}\varphi(\boldsymbol{y})-\boldsymbol{T}^{\mathrm{T}}\boldsymbol{T}\boldsymbol{\alpha}\|_2 \tag{5.5}$$

重建误差 r 被用来进一步计算候选样本的观察概率，有

$$P(z\mid s)=C\cdot\mathrm{e}^{-r} \tag{5.6}$$

式中，z 和 C 分别表示目标外观和归一化常量。最终依据候选样本的观察概率确定目标。

5.3.3 核稀疏表示的目标函数求解

式(5.4)可通过修改 APG 算法求解。APG 算法由两个不断交替的步骤构成。其中,第一步是近似梯度下降与衰减;第二步是对相邻两次迭代解的聚合。求解核稀疏表示的 APG 算法见算法 5.1。

算法 5.1:求解核稀疏表示的 APG 算法。

输入:候选样本 y,目标模板集 $\{T_1,T_2,\cdots,T_M\}$,trivial 模板集 $\boldsymbol{I}$,核函数 $K(\cdot,\cdot)$,参数 λ 和 μ。

输出:候选样本 y 的稀疏表示系数向量 $\boldsymbol{\alpha}$。

1.初始化:$z_1=x_0=0,t_1=1,k=1$。

2.令 $\boldsymbol{T}=\{\varphi(T_1),\varphi(T_2),\cdots,\varphi(T_M)\}$,$\mathbf{A}=[\boldsymbol{T}^{\mathrm{T}}\boldsymbol{T},\boldsymbol{I}]$,$L=2\lambda_{\max}(\mathbf{A}^{\mathrm{T}}\mathbf{A})$。

3.反复执行如下步骤直至收敛:

(1) $x_k=[|z_k-2/L\cdot\mathbf{A}^{\mathrm{T}}(\mathbf{A}\cdot z_k-\boldsymbol{T}^{\mathrm{T}}\varphi(\mathbf{y}))|-\mu/L]_+\cdot\mathrm{sgn}(z_k-2/L\cdot\mathbf{A}^{\mathrm{T}}(\mathbf{A}\cdot z_k-\boldsymbol{T}^{\mathrm{T}}\varphi(\mathbf{y})))$;

(2) $t_{k+1}=\dfrac{1+\sqrt{1+4t_k^2}}{2}$;

(3) $z_{k+1}=x_k+\dfrac{t_k-1}{t_{k+1}}(x_k-x_{k-1})$。

4.输出 z_{k+1} 为优化求解式(5.4)所得的稀疏表示系数向量 $\boldsymbol{\alpha}$。

其中,$[x]_+=\max(0,x)$,$\lambda_{\max}(x)$ 表示 x 的最大奇异值。

5.3.4 核稀疏表示的目标模板更新

为减少跟踪偏差,提高跟踪性能,本节采用一种较为简单、有效的模板更新方法,即使用目标跟踪结果进行模板更新。具体来说,设 $\hat{y}$ 为确定的被跟踪目标,$\hat{\alpha}$ 为相应的稀疏表示系数,则在得到跟踪结果后,通过如下方式计算结果的误差率,即

$$\mathrm{er}=\frac{\|\hat{e}\|_1}{\|\hat{c}\|_1+\|\hat{e}\|_1} \tag{5.7}$$

如果 er 不大于阈值 τ,则用跟踪结果替换与最小稀疏系数值对应的目标模板。

5.3.5　基于核稀疏表示的目标跟踪算法

在计算每个候选样本的稀疏表示与观察概率之前，需要首先获得每个候选样本或目标模板的特征向量表示。本章直接将相应灰度图像的各列顺次堆叠所得到的一维向量作为候选样本或目标模板的特征向量表示。基于核稀疏表示的目标跟踪算法见算法 5.2。

算法 5.2：基于核稀疏表示的目标跟踪算法。

输入：待跟踪视频图像序列。

输出：被跟踪目标各时刻状态 $x_t(t=1,2,\cdots)$。

1.初始化：

(1) 在第 1 帧手工确定目标位置 x_0；

(2) 在目标位置周围确定目标模板集 $\{T_1,T_2,\cdots,T_M\}$；

(3) 选择一个合适的核函数 $K(\cdot,\cdot)$。

2.从第 2 帧开始，依次执行以下五个步骤直至最后一帧。

(1) 以上一帧目标位置 x_0 为中心，以 r 为搜索半径，采样 N 个样本 $\{x_1,x_2,\cdots,x_N\}$ 作为候选目标，并计算它们的特征向量表示 $\{y_1,y_2,\cdots,y_N\}$；

(2) 通过算法 5.1 优化求解式(5.4) 得到每个候选样本 x_i 的稀疏表示系数向量 $\boldsymbol{\alpha}_i$；

(3) 通过式(5.5) 和式(5.6) 计算每个候选样本的观察概率 $P(z \mid s_i)$；

(4) 将满足 $j=\arg\max\limits_i P(z \mid s_i)$ 的候选样本 x_j 确定为当前帧的被跟踪目标；

(5) 将得到的跟踪目标按照 5.3.4 节进行目标模板更新。

5.4　实验验证及结果分析

由于本章方法用来提高基于稀疏表示跟踪方法 L1APG[54] 在目标快速运动与模糊情况下的跟踪性能，因此对比了前述两种方法。实验过程中选取的视频图像序列来源于文献[38] 中的 Jumping、Deer 及 Lemming，帧数分别为 313

帧、71 帧及 1 336 帧，分辨率分别为 352×288 像素、704×400 像素及 640×480 像素，且所有图像均被转换为灰度图像。相关参数有稀疏参数 λ、搜索半径 r 和更新阈值 τ，其值分别设置为 0.2、6 和 0.125。选择的核函数为多项式核 $K(x,y)=(1+\boldsymbol{x}^{\mathrm{T}}\boldsymbol{y})^{d}$，其参数 d 设置为 2。

在 Jumping 序列中，一男子在一建筑物前跳绳。由于受到摄像机性能的限制及目标快速运动等因素的影响，因此图像序列产生模糊。在这种情况下，基于稀疏表示的跟踪方法在 210 帧后开始漂移，并最终丢失目标。而本章方法能够健壮地跟踪目标，如图 5.3 和图 5.4(a) 所示。

(a) 核稀疏表示目标跟踪方法　　(b) L1APG

图 5.3　在 Jumping 序列上的跟踪对比

在 Deer 序列中，有几只鹿正向前奔跑，其中的一只是被跟踪目标。与前面的 Jumping 序列类似，目标的快速运动造成模糊，阻碍了目标的健壮跟踪。基于稀疏表示的跟踪方法在开始跟踪的几帧之后就开始产生较大偏差，而本章方法在整个过程中都能够稳定、可靠跟踪，如图 5.5 和图 5.4(b) 所示。

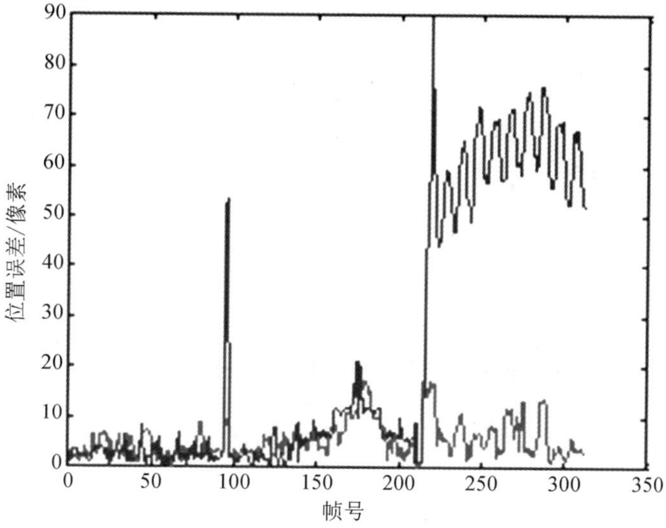

(a) 序列Jumping

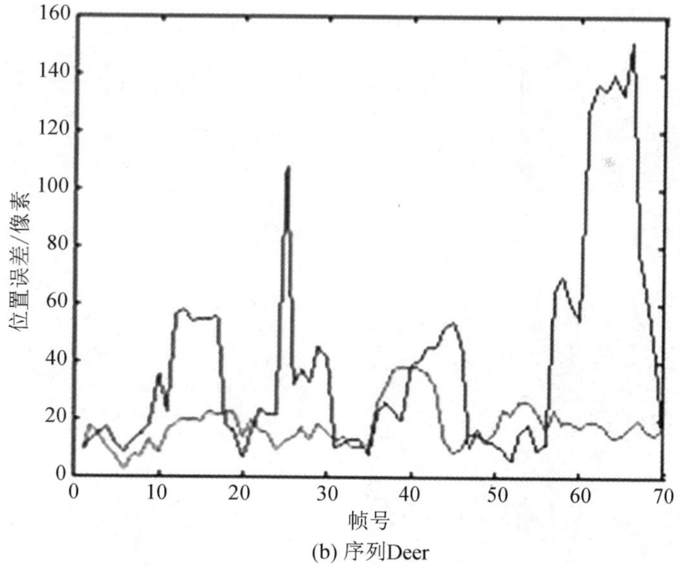

(b) 序列Deer

图 5.4　核稀疏表示目标跟踪方法(红线) 与 L1APG(蓝线) 的跟踪位置误差曲线

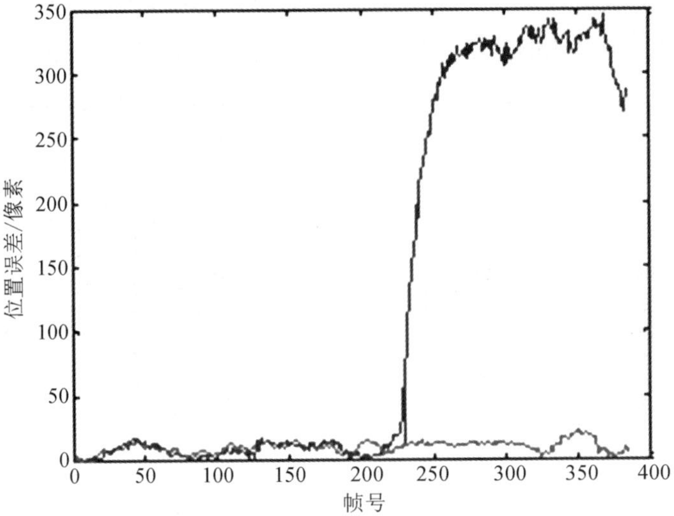

(c) 序列Lemming

图 5.4

续图 5.4

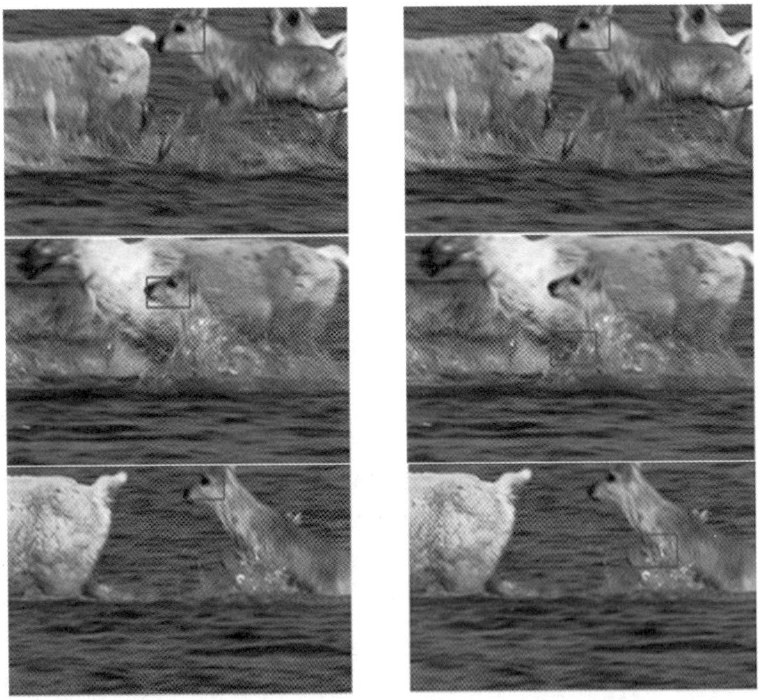

(a) 核稀疏表示目标跟踪方法　　(b) L1APG

图 5.5　在 Deer 序列上的跟踪对比

在 Lemming 序列中，一旅鼠玩偶在一复杂场景中运动。在开始的若干帧中，由于目标运动较为缓慢，因此两种方法均能够可靠跟踪目标。但从第 232 帧开始，由于目标快速运动，因此基于稀疏表示的跟踪方法不能很好地跟踪目标，并最终丢失目标。与之相比，本章方法仍能够可靠、健壮地跟踪，如图 5.6 和图 5.4(c) 所示。

(a) 核稀疏表示目标跟踪方法　　(b) L1APG

图 5.6　在 Lemming 序列上的跟踪对比

图 5.4 中给出了两种跟踪方法对视频图像序列 Jumping、Deer 和 Lemming 进行跟踪的中心位置误差曲线。从图中可以看到，相比于基于稀疏表示的目标跟踪方法，本章方法具有更好的跟踪性能。

在时间性能方面，本章方法的时间复杂度为 $O(npm^2)$。其中，n 为视频帧数；p 为特征维数；m 为目标模板数。

上述实验表明，本章采用核方法间接地对候选样本和目标模板进行非线性变换，然后在对应高维空间中对候选样本进行稀疏表示可以提高其表示精度，进一步提高整个跟踪系统的跟踪性能。同样的思想可以扩展到第2章、第3章、第4章的方法中。当将核方法应用于第2章方法时，首先将候选样本和目标模板的多模态特征采用核方法间接地映射到高维特征空间，然后在该高维空间中对候选样本的多模态特征进行多模态分别稀疏表示和多模态联合稀疏表示；当将核方法应用于第3章方法时，首先将候选样本和目标模板进行非线性变换，然后在对应高维空间中对候选样本进行加权稀疏表示；当将核方法应用于第4章方法时，首先采用核方法将候选样本和目标模板的多模态特征间接地映射到高维特征空间，然后在对应高维空间中对候选样本的多模态特征进行多模态加权稀疏表示。

5.5 本章小结

本章针对基于稀疏表示的视频目标跟踪方法在目标快速运动与模糊情况下性能不尽理想的问题，提出一种基于核稀疏表示的目标跟踪方法。该方法采用核技术，将候选样本与目标模板映射到高维特征空间，然后对候选样本进行稀疏表示，使得候选样本能够表示为与其最相似的一组目标模板的线性组合，从而更有效地表示目标，提高跟踪性能。在三个有代表性的、具有目标快速运动与模糊场景的视频图像序列上进行对比实验，结果表明本章方法比基于稀疏表示的跟踪方法具有更好的跟踪性能。

第 6 章　基于 IAFF－GhostNet 网络的改进 ECO 目标跟踪

6.1　问 题 提 出

针对基于相关滤波的目标跟踪算法特征提取过程参数量和计算量大的问题，提出一种基于轻量级卷积神经网络(convolutional neural networks,CNN)的相关滤波目标跟踪算法。

6.2　相关知识回顾

6.2.1　高效卷积算子跟踪算法

高效卷积算子跟踪(ECO)算法是一种具有高效卷积特征的跟踪算法。该算法主要将深度特征和手工特征，如 HOG 特征、CN 特征用于相关滤波算法，从而实现目标跟踪。

ECO 算法沿用 C－COT 算法将特征图通过插值转换到连续空间域，具体为

$$J_d\{x^d\}(t)=\sum_{n=0}^{N_d-1} x^d[n]b_d\left(t-\frac{T}{N_d}n\right) \tag{6.1}$$

式中，$x^d[n]$ 是第n层的特征；b_d 是周期 $T>0$ 的插值核；$J_d\{x^d\}(t)$ 是整个插值后的特征；$b_d\left(t-\frac{T}{N_d}n\right)$ 是 $1\sim D$ 通道的插值函数。

C－COT 算法中采用训练连续多通道卷积滤波器用于预测得分，ECO 利用主成分分析法改进，具体为

$$S_{\mathrm{pf}}\{x\}=\boldsymbol{P}f * J\{x\}=f * \boldsymbol{P}^{\mathrm{T}}J\{x\} \tag{6.2}$$

式中，f 为通道D 的滤波器；$*$ 表示卷积运算；$\boldsymbol{P}$ 表示主成分分析法D 行C 列的投影矩阵；$S_{\mathrm{pf}}\{x\}$ 表示响应值得分。先使用高斯混合模型(Gaussian mixture mode,GMM)方法压缩训练集，并对卷积响应得分与高斯标签的误差取 L2 范数，则构造的损失函数为

$$E(f)=\sum_{j=1}^{M}\pi_{\mathrm{m}}\|S_{\mathrm{pf}}\{\mu_{\mathrm{m}}\}-y_{0}\|_{\mathrm{L}^2}^{2}+\sum_{c=1}^{C}\|\omega f^{c}\|_{\mathrm{L}^2}^{2}\frac{n!}{r!\ (n-r)!} \tag{6.3}$$

式中，μ_{m} 和 π_{m} 表示训练样本的均值和权重；$S_{\mathrm{pf}}\{\mu_{\mathrm{m}}\}$ 表示训练样本与当前滤波器 f 的卷积响应得分；y_0 表示训练样本的高斯标签；ω 是 f 的惩罚项。一般来说，$\boldsymbol{P}$ 在初始帧确定保持不变，式(6.3) 每 6 帧使用共轭梯度更新。

与 C－COT 算法相比，ECO 算法改进了以下三个方面。

(1) 减少滤波器。

ECO 算法在特征提取上做了简化。用了原来特征的子集，从 D 维的特征中选了其中的 C 维。C－COT 算法中每个维度的特征对应一个滤波器，D 维的特征就有 D 个滤波器，但所有滤波器贡献不等同。ECO 算法只选择其中贡献较多的 C 个滤波器，$C<D$，然后每一维特征用这 C 个滤波器的线性组合来表示。

(2) 减少训练集。

C－COT 算法每更新一帧就加入训练样本，导致连续的数帧后训练集里面的样本都是高度相似的，滤波器对邻近的数帧样本容易过拟合。而 ECO 算法用了 GMM 来生成不同的组合，每一个组合基本就对应一组比较相似的样本，不同的组合之间有较大的差异性。

(3) 减少滤波器更新频率。

ECO 算法规定模型每隔 N_{s} 帧更新一次。模型更新频率降低，在时间层面上提高了跟踪速度，在跟踪过程上避免模型的漂移问题。一般来说，N_{s} 设置为 6，但不可以把 N_{s} 取得太大，否则会使模型跟不上目标的变化。

6.2.2 注意力机制

自 Bahdanau 等于 2014 年提出注意力模型用于机器翻译起[122]，注意力机制便广泛地应用于基于深度学习模型的自然语言处理、计算机视觉及语音辨识等领域。人类视觉系统辨识过程中往往会利用图像中的信息辅助记忆，并且对图像中不相关信息忽略处理，且注意力机制能提高神经网络模型的可解释性。注意力机制对对象不同重要度分配权重资源。在计算机视觉中，主要有通道注意力机制、像素注意力机制、自注意力机制(self-attention) 及多阶注意力机制等模型结构。

自注意力机制被广泛应用于自然语言处理，这种注意力机制又称内部注意力机制，是一种对于单序列不同位置相关性的注意力机制。自注意力机制主要用于单序列的计算表达形式。在机器翻译的编码器－解码器结构中，解码器具有位置不变性，输入序列存在数值和位置两种信息。图 6.1 所示为机器翻译的一般过程。

图 6.1　机器翻译的一般过程

软注意力也是注意力机制中重要的大类，该注意力机制更关注[0,1]连续的问题，在空间或通道上有较高的关注度，模型学习前后都能对软注意力机制进行微调，也可以随着神经网络的学习而学习权重。常见的软注意力机制有空间区域注意力（spatial region attention）、通道注意力（channel attention，CA）、混合域模型（融合空间域和通道域注意力）、非局部（Non-Local）注意力机制及位置注意力机制（position-wise attention）。

空间区域注意力可以让神经网络在图像空间变化中保存关键信息，代表网络有 ALPHA Pose。Spatial Transformer Networks 就是一种注意力机制，该机制能够找到图像的关键位置，而 Transformer 又对图像具有变换的作用，如旋转、伸缩等操作。图 6.2 所示为空间注意力应用示意图。

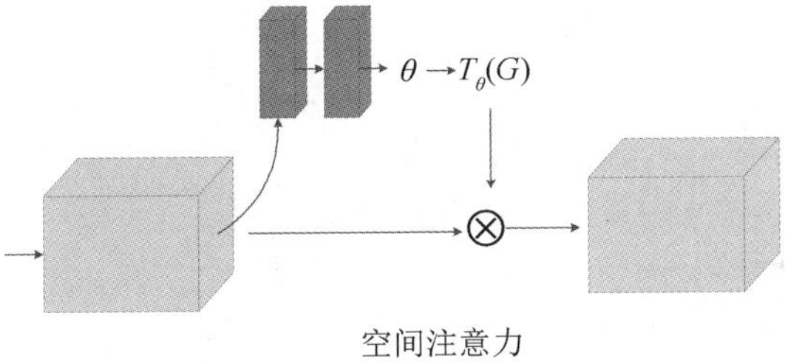

图 6.2　空间注意力应用示意图

通道注意力用于对不同卷积通道分配权重。通道注意力机制的一种主要网络结构是 SENet（squeeze-and-excitation networks）。该网络有两个主要操作：Squeeze 操作和 Excitation 操作。Squeeze 操作主要是将各卷积层通道表示为全局空间特征，采用全局平均池化生成统计各通道的量；Excitation 操作用来学习通道间的依赖度，根据学习到的依赖程度调整不同卷积操作的特征图得到最后输出。图 6.3 所示为 SE（squeeze and excitation）注意力机制的网络结构示意图，图 6.4 所示为基于 SE 注意力机制的残差结构与普通残差结构之间的对比。

混合域模型主要是提出了一种残差注意力学习（residual attention learning），该注意力[123]机制将加入掩码（mask）前后的特征都作为特征张量，这样得到的特征更为丰富，被关注度更高。

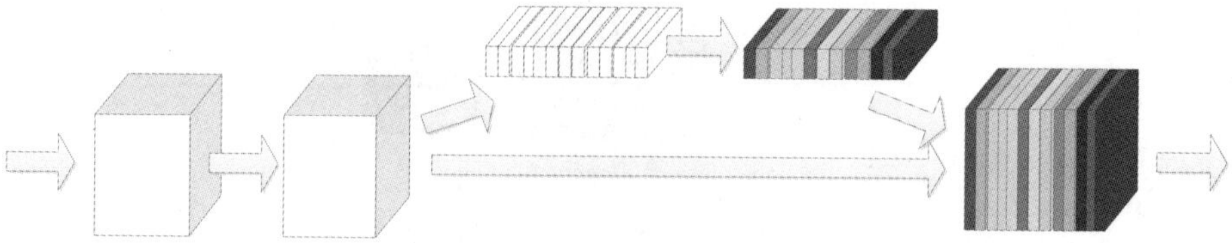

图 6.3　SE 注意力机制的网络结构示意图

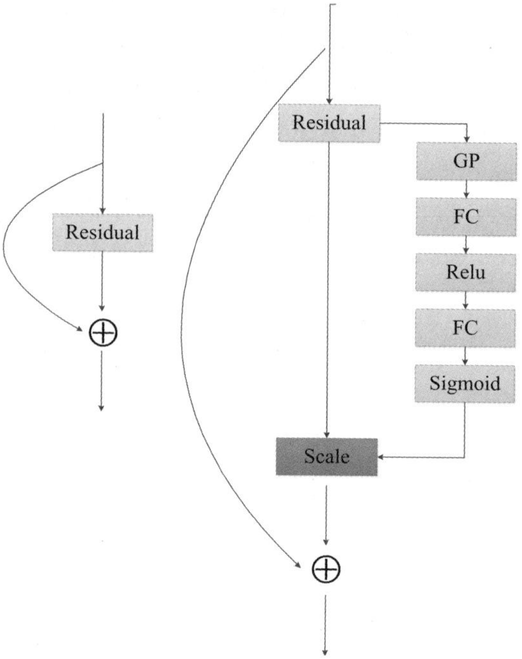

图 6.4　基于 SE 注意力机制的残差结构与普通残差结构之间的对比

Non-Local 注意力机制[124] 中的 Local 相当于特征的感受野，对于单一卷积核或滤波器而言，该感受野就是卷积核大小或滤波器大小，只考虑部分区域，是相对于整体的 Local 计算。池化层的操作亦是如此。Non-Local 注意力机制指的是该感受野可以很大，如全连接操作。为减少网络中的计算量，可以只在神经网络的后面几层添加 Non-Local 注意力机制。

位置注意力的代表性方法是 CCNet[125]。CCNet 通过优化位置注意力的计算方式，显著减少了网络中的参数量。而 DANet 在计算注意力的同时，会计算每个像素点与图像中所有其他像素点的相似程度，空间复杂度服从公式 $(H \times W) \times (H \times W)$。而在 CCNet 中，位置注意力图只计算像素点和与该像素点同行同列的像素点的相似程度。通过两次同样的操作，间接计算出注意力图所计算的像素点和所有像素点的相似程度，空间复杂度服从公式

$(H \times W) \times (H + W - 1)$。

强注意力机制是针对0或1问题提出的，针对哪些像素点被关注，哪些特征不被关注。强注意力是一个随机的过程，是对于动态预测且不可微的过程，时常采用强化学习的方式进行强注意力机制的学习。

6.2.3　轻量级深度网络模型

随着深度学习的发展，从 LeNet 到 AlexNet，计算机视觉领域不断提出新的卷积神经网络模型。顺着这种发展潮流，后续研究者又提出了 VGG、ResNet 等大型神经网络结构[126]。随着大型神经网络模型结构越来越复杂，深度网络模型的训练和测试都需要更高的硬件性能，对高算力和高性能的机器需求越来越高。类似移动设备等机器的性能不如服务器，在硬件方面受到限制，很难适应大型深度网络模型。从 2016 年开始，很多轻量级的神经网络结构被提出，如 SqueezeNet、ShuffleNet、MobileNet 和 GhostNet 等轻量级网络模型[127]。轻量级网络模型常见的设计方案有深度可分离卷积、批规范化及 SE 注意力模块等。

深度可分离卷积作为一种轻量级网络结构，常用于轻量级神经网络结构的搭建中。深度可分离卷积主要由深度卷积和逐点卷积组成，后续再加入批归一化操作和 ReLU 操作。图 6.5 所示为深度卷积示意图，图 6.6 所示为逐点卷积示意图。这种结构的参数量和计算量均明显减少。深度可分离卷积采用 3×3 的卷积核对输入特征图的每个通道进行深度卷积，然后采用 1×1 的卷积核对深度卷积的结果进行逐点卷积，以实现通道间的线性组合。因此，深度可分离卷

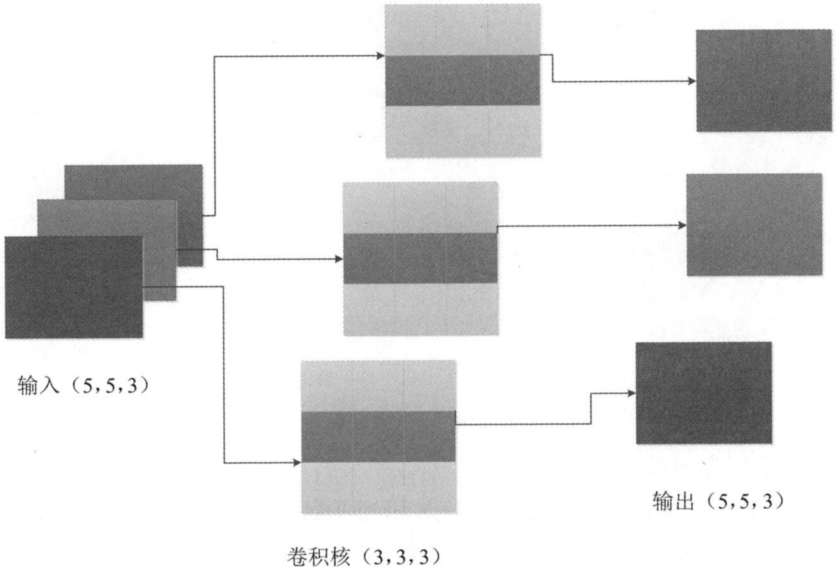

图 6.5　深度卷积示意图

积可将标准卷积转化成两个可分的卷积步骤，一般是先深度卷积后逐点卷积。图 6.7 所示为深度可分离卷积示意图。

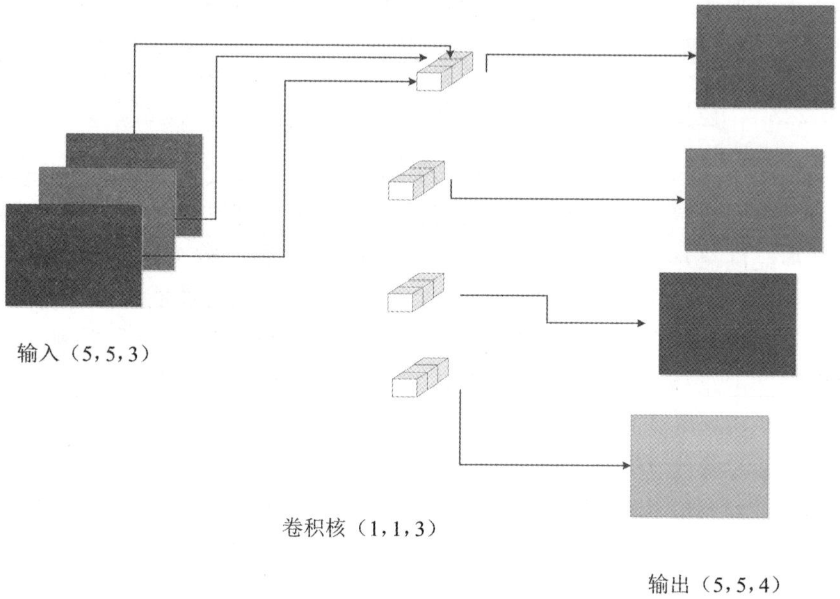

图 6.6　逐点卷积示意图

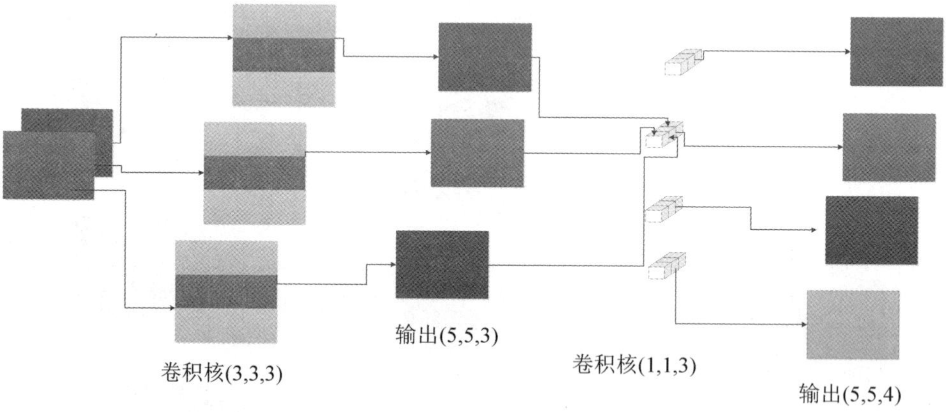

图 6.7　深度可分离卷积示意图

深度卷积先对特征图进行分组，设将 $N \times H \times W \times C$ 分成 C 组，然后使用 3×3 卷积核对特征图进行卷积操作，这相当于特征图的每一个通道的空间特征被收集，称为 Depthwise 特征。逐点卷积对特征图 K 个简单卷积，卷积核采用1×1 的尺寸大小，这相当于特征图的每一个点特征被收集，称为 Pointwise

特征。则深度可分离卷积经过两个卷积过程，输出的特征图大小为 $N \times H \times W \times K$。图 6.8 所示为普通卷积网络和深度可分离卷积网络对比图。

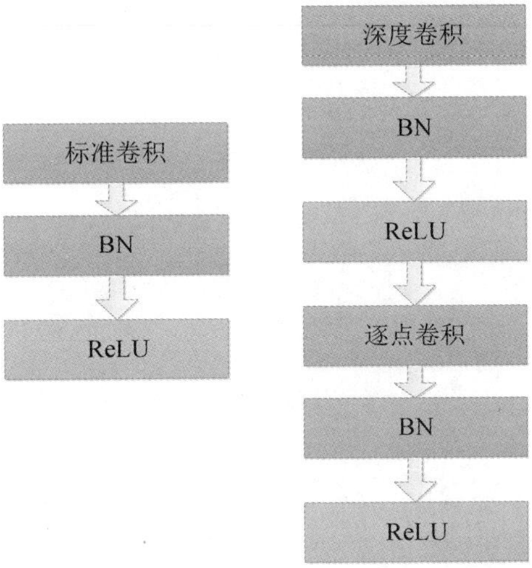

图 6.8　普通卷积网络和深度可分离卷积网络对比图

若设定卷积核的尺寸是 $D_k \times D_k \times M$，特征图的输入尺寸是 $D_F \times D_F \times M$，特征图的输出尺寸是 $D_G \times D_G \times N$，则卷积层的参数量为 $D_k \times D_k \times N \times M$，图 6.9 所示为不同卷积操作的卷积核示意图。其中，BN 为批量归一化，ReLU 为线性整流函数。标准卷积的计算量为

$$D_k \times D_k \times N \times M \times D_F \times D_F \tag{6.4}$$

深度可分离卷积的计算量为

$$D_k \times D_k \times 1 \times M \times D_F \times D_F + 1 \times 1 \times N \times M \times D_F \times D_F \tag{6.5}$$

则有

$$\frac{D_k \times D_k \times N \times M \times D_F \times D_F}{D_k \times D_k \times 1 \times M \times D_F \times D_F + 1 \times 1 \times N \times M \times D_F \times D_F} = N + D_k^2 \tag{6.6}$$

即得出深度可分离卷积相对于普通卷积在计算量上的大幅降低，相对于整体网络的结构，参数量也将大幅减少。

批规范化绝大多数情况下出现在卷积层后。批规范化能够加快网络收敛，提高网络的准确度。批规范化对数值变换结构，将数值转变为规范化的数值，有

$$\hat{x} = f(x) \tag{6.7}$$

式中，$\hat{x}$ 是规范化后的数值；x 是原始值；f 是变换函数。

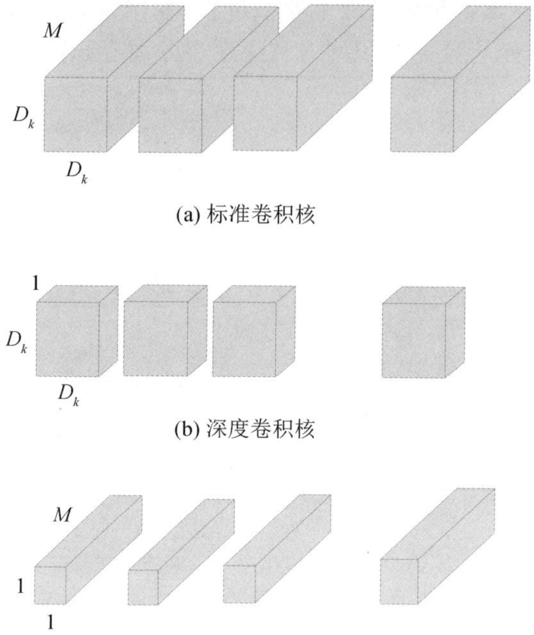

(a) 标准卷积核

(b) 深度卷积核

(c) 逐点卷积核

图 6.9　不同卷积操作的卷积核示意图

6.2.4　GhostNet 网络

GhostNet 网络是一种新颖的轻量级卷积神经网络，能够保证较高的识别性能并能降低通用卷积操作的计算成本。GhostNet 网络主要是由 Ghost 模块组成的 Ghost Bottleneck 模块搭建而成的神经网络模型。

1. Ghost 模块

深度卷积神经网络是由大量的卷积操作组成的神经网络，会导致整个神经网络的卷积计算开销过大。针对上述现象及深度卷积神经网络中间特征图存在较多冗余的情况，Han 等提出了 GhostNet 算法，并且主要用于减少特征提取的计算量。对于任意卷积运算的表示，有

$$Y = X * f + b \tag{6.8}$$

式中，$Y \in h \times w \times n$；$X \in c \times h \times w$；$f \in c \times k \times k \times n$；$*$ 代表卷积操作；b 表示卷积运算偏置项。其中，c 是卷积通道数；h 表示特征图高度；w 表示特征图宽度；n 代表特征图个数。又有 h' 是特征图输出高度；w' 是特征图输出宽度；$k \times k$ 是卷积核的内核尺寸。在卷积过程中，浮点运算次数(FLOPs) 的计算量

为 $n\times h'\times w'\times c\times k\times k$。由于卷积核个数 n 和通道个数 c 通常非常大，因此网络的参数量巨大。要优化整个网络结构，取决于输入和输出的特征图结构。Ghost 模块采用基本卷积过程产生原始的 m 个特征图，有

$$Y' = X * f' \tag{6.9}$$

式中，$f'\in \mathbf{R}^{c\times k\times k\times m}$ 表示过滤器，$m\leqslant n$。为得到 n 个特征图，采用下式产生 s 个经过线性运算的特征，即

$$y_{ij} = \Phi_{i,j}(y'_i),\quad \forall i=1,\cdots,m;j=1,\cdots,s \tag{6.10}$$

式中，y' 是 Y' 中第 i 个原始特征图；$\Phi_{i,j}$ 是第 i 个生成 j 个特征图。经过公式的变换即可得到 $n=m\times s$ 个特征图。一般来说，线性运算在每个通道进行，计算成本将小于原始卷积核。特征图的不同产生方式如图 6.10 所示。

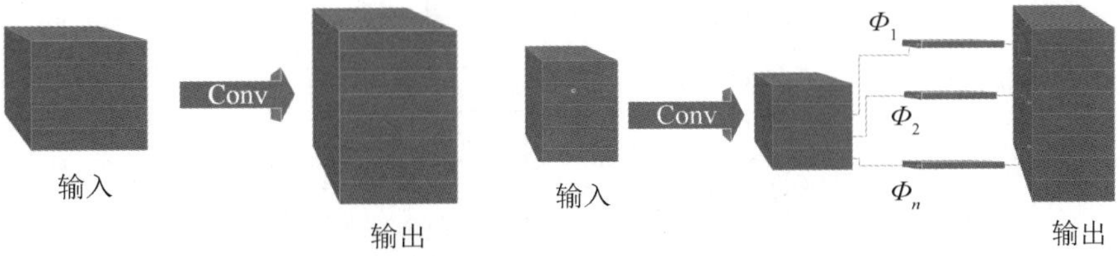

图 6.10　特征图的不同产生方式

Ghost 模块与普通卷积操作相同时，能够减少对图像卷积操作计算的成本。Ghost 模块能够将卷积运算转化为两个过程，即一个恒等映射和 N 个线性运算，有

$$N = m\cdot(s-1) = \frac{n}{s}\cdot(s-1) \tag{6.11}$$

式中，n 为特征图个数；s 为每个原始特征产生特征图的个数；m 为原始特征图个数。设定每个线性运算内核大小为 $d\times d$。理想情况下，$n\cdot(s-1)$ 线性运算能够产生互不相同的特征图，采用相同大小的线性运算时，GhostNet 对普通卷积的理论加速比为

$$\begin{aligned} r_s &= \frac{n\cdot h'\cdot w'\cdot c\cdot k\cdot k}{\frac{n}{s}\cdot h'\cdot w'\cdot c\cdot k\cdot k+(s-1)\cdot \frac{n}{s}\cdot h'\cdot w'\cdot d\cdot d} \\ &= \frac{c\cdot k\cdot k}{\frac{1}{s}\cdot c\cdot k\cdot k+\frac{s-1}{s}\cdot d\cdot d}\approx \frac{s\cdot c}{s+c-1}\approx s \end{aligned} \tag{6.12}$$

式中，$d \cdot d \ll k \cdot k, s \ll c$，则可得

$$r_c = \frac{n \cdot c \cdot k \cdot k}{\frac{n}{s} \cdot c \cdot k \cdot k + (s-1) \cdot \frac{n}{s} \cdot d \cdot d} \approx \frac{s \cdot c}{s + c - 1} \approx s \qquad (6.13)$$

2. Ghost Bottleneck 模块

Ghost Bottleneck(G－bneck) 利用 Ghost 模块的优势实现小型 CNN 设计。主要由两个 Ghost 模块构成：第一个 Ghost 模块主要起增加通道数和膨胀层作用；第二个 Ghost 模块主要用于减少通道数，使用 shortcut 结构连接两个 Ghost 模块的输入输出。不同步长下 G－bneck 结构如图 6.11 所示。

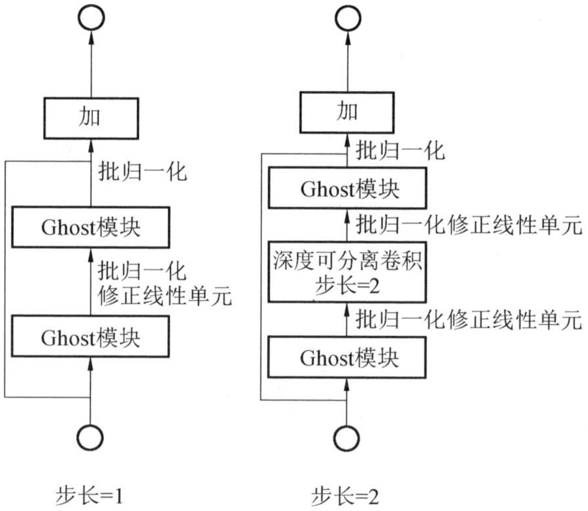

图 6.11　不同步长下 G－bneck 结构

6.2.5　IAFF 机制

注意力融合(AFF) 机制是一种能够更好融合特征语义与特征尺度之间关系的特征融合方式，该方式能够解决不同尺度特征融合时带来的问题。为解决不同尺度特征集成时可能出现的瓶颈问题，Dai 等于 2020 年提出了一种迭代注意力特征融合机制(IAFF)，对比于简单的特征融合方式，IAFF 机制能够更好地融合不同特征。

1. MS－CAM 模块

多尺度通道注意力模块使用两个尺度不同的分支提取注意力的通道权

重。多尺度通道注意力模块的主要方案是改变空间池的大小，使整个网络在多个尺度上加入通道注意力。为使多尺度通道注意力模块能够减少网络计算量和参数量，仅仅在注意力 attention 模块中将局部上下文添加到全局上下文中。多尺度通道注意力模块的一个分支使用逐点卷积（PWConv）作为通道上下文融合器，该分支利用每个空间位置的点向通道融合；另一个分支使用全局平均池化（global average pooling）提高网络对全局特征的注意力。MS－CAM 模块示意图如图 6.12 所示。图中，MS－CAM 模块的操作运算和 MS－CAM 模块的公式运算为

$$L(X)=B(\mathrm{PWconv}_2(\sigma(B(\mathrm{PWconv}_1(Z')))))\tag{6.14}$$

$$X'=X\otimes M(X)=X\otimes\sigma(L(X)\oplus g(X))\tag{6.15}$$

2. AFF 机制

AFF 被设计用于不同尺度特征融合时注意力的问题。AFF 机制示意图如图 6.13 所示。设定有两个不同的特征图 X、Y，且 $Y\in\mathbf{R}^{C\times H\times W}$，$Y$ 比 X 的特征尺寸大。在 InceptionNet 中，X 的特征图对应于 3×3 卷积的结果，Y 的特征图对应于 5×5 卷积的结果；短跳跃网络结构中，X 的特征图对应于映射数自身，Y 的特征图对应于 ResNet 的最终残差结果；长跳跃网络结构中，X 的特征图对应于低层特征，Y 的特征图对应于高层语义特征。则有

$$Z=M(X+Y)\otimes X+(1-M(X+Y))\otimes Y\tag{6.16}$$

式中，$Z\in\mathbf{R}^{C\times H\times W}$ 是输出的特征；＋ 表示初始特征融合。图中虚线表示 $1-M(X+Y)$。特征融合的权重为 $M(X+Y)$，具体是(0,1) 区间的数值；特征融合的权重为 $1-M(X+Y)$，具体是(0,1) 区间的数值。这种特殊的结构使得网络能够在 X 与 Y 之间进行软选择连接，也能够在 X 与 Y 之间加权平均。

3. IAFF 机制

完全上下文感知方法出现初始地集成输入特性的瓶颈问题。IAFF 机制示意图如图 6.14 所示。初始融合的好坏影响注意力模块的输入对网络结构最终特征融合的权重的结果。如何初始地集成输入特性是一个特征融合问题，相关文献中的解决方案是额外加入一层 AFF 来融合输入的特征，即 IAFF。该结构额外加入一层 AFF，能够解决不同尺寸特征图初始融合的瓶颈问题。

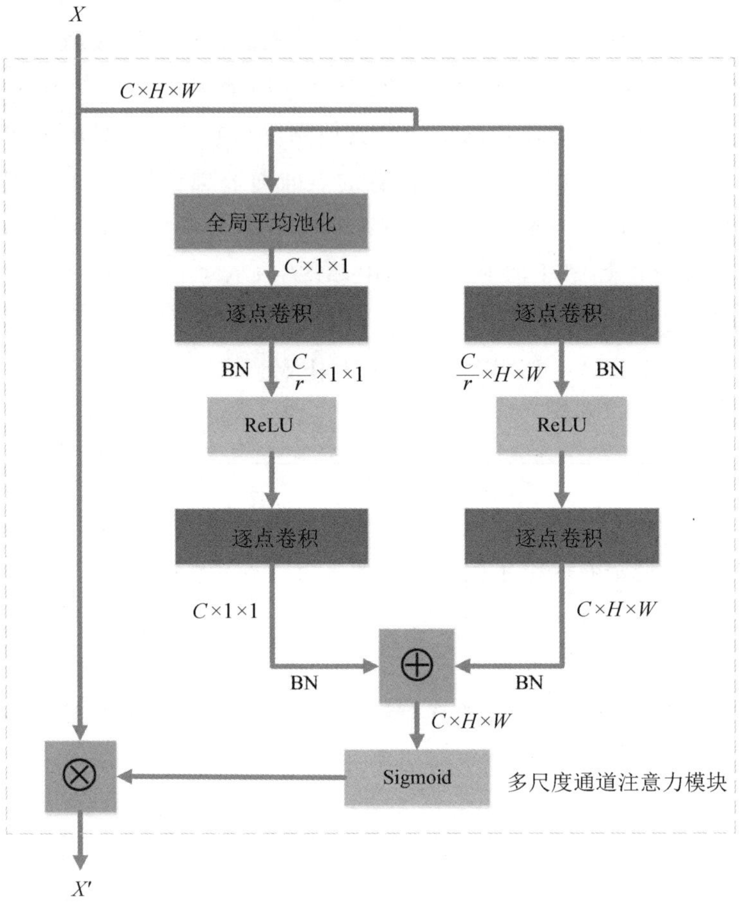

图 6.12　MS－CAM 模块示意图

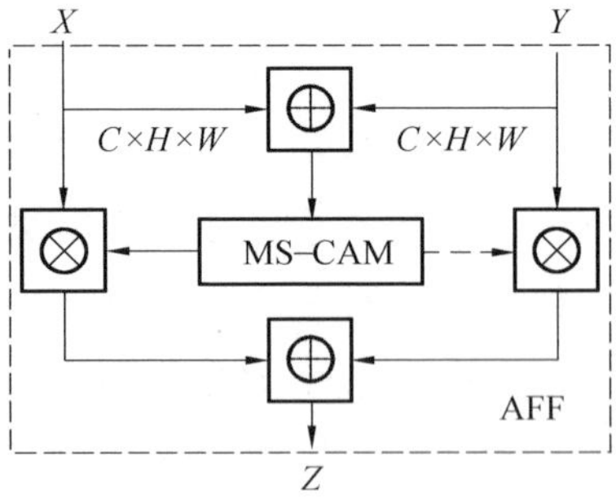

图 6.13　AFF 机制示意图

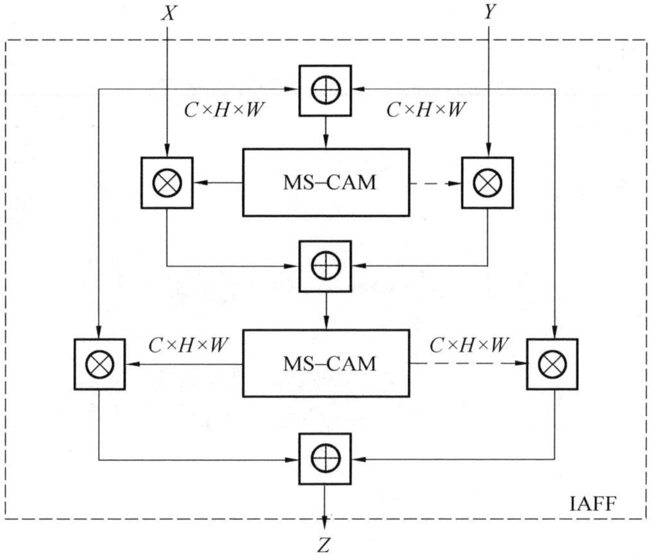

图 6.14　IAFF 机制示意图

6.3　IAFF－GECT 目标跟踪方法

如 6.2.1 节所述，ECO 算法主要对 C－COT 算法进行三方面改进，即减少滤波器、减少训练集及降低滤波器的更新频率，从而降低 C－COT 算法的计算复杂度，提高跟踪速度。但其特征提取网络存在模型大、计算量大及参数量多的问题，需进一步改进 ECO 算法。因此，本章提出基于 IAFF－GhostNet 卷积特征的改进 ECO 目标跟踪方法。

6.3.1　IAFF－GECT 目标跟踪方法结构

IAFF－GECT 目标跟踪方法即基于 IAFF－GhostNet 卷积特征的改进 ECO 目标跟踪算法，主要由特征提取模块、全局池化模块及跟踪与更新模块三个部分组成，IAFF－GECT 跟踪框架如图 6.15 所示。

6.3.2　特征提取模块

IAFF－GECT 跟踪方法采用基于 IAFF 机制的 Ghost Bottleneck 网络搭建特征提取网络的基本结构。该结构采用 IAFF 模块替换 Ghost Bottleneck 原有模块中的 ADD 模块，增加网络对目标特征的感知能力，并在最后接入 ReLU 激活函数，利用残差结构搭建 G－Block 网络结构。第二个 Ghost 模块不加入

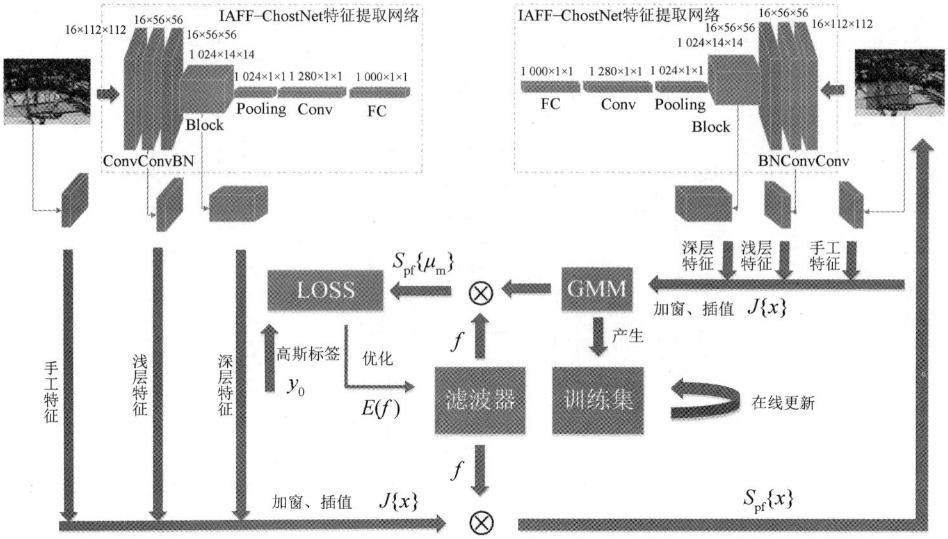

图 6.15　IAFF－GECT 跟踪框架

ReLU 激活函数，其他层都加入了 BN 批归一化层和 ReLU 层激活函数。图 6.16 所示为不同步长下基于 IAFF 的 G－bneck 结构。

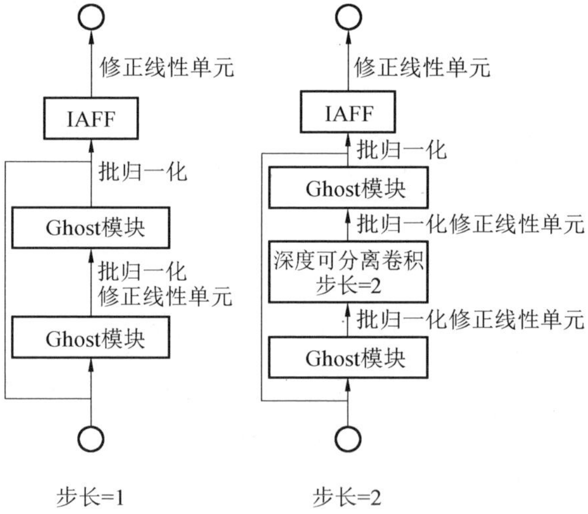

图 6.16　不同步长下基于 IAFF 的 G－bneck 结构

6.3.3　IAFF－GhostNet 网络结构

IAFF－GhostNet 网络结构基于 Ghost Bottleneck 构建，并融入了 IAFF 特征融合方法，具体配置见表 6.1。该网络主要采用 Ghost 模块作为基本构建单元。在网络的第一层，应用了一个标准的卷积操作，最后通过 Ghost Bottleneck 操作来增加通道数。Ghost Bottleneck 根据不同大小的特征图分组到不同阶段。表 6.1 中 SE 模块用在了某些 G－bneck 层中，前两阶段的 G－bneck 结构有步长为 2 的层，G－bneck 结构其余步长都为 1。首先，对输入图像进行两次卷积，步长都为 2；然后，对卷积后的特征图进行 G－bneck 阶段，进行 5 阶段的特征图变换和生成；最后，通过平均池化和卷积层将特征图转换为1 280 维的特征向量，再经由全连接层输出针对 1 000 层类别的分类结果。

表 6.1　IAFF－GhostNet 网络结构

输入	操作	输入通道数	输出通道数	SE 模块	步长	IAFF 模块
$224^2\times3$	Conv2d	—	16	—	2	—
$112^2\times3$	Conv2d	16	16	—	2	—
$56^2\times16$	G－bneck	16	16	—	1	1
$56^2\times16$	G－bneck	48	24	—	2	1
$28^2\times24$	G－bneck	72	24	—	1	1
$28^2\times24$	G－bneck	72	40	1	2	1
$28^2\times40$	G－bneck	120	40	1	1	1
$28^2\times40$	G－bneck	240	80	—	1	1
$14^2\times80$	G－bneck	200	80	—	1	1
$14^2\times80$	G－bneck	184	80	—	1	1
$14^2\times80$	G－bneck	184	80	—	1	1
$14^2\times80$	G－bneck	480	112	1	1	1
$14^2\times112$	G－bneck	672	112	1	1	1
$14^2\times112$	G－bneck	672	160	1	1	1
$14^2\times160$	G－bneck	960	160	—	1	1
$14^2\times160$	G－bneck	960	160	1	1	1
$14^2\times160$	G－bneck	960	160	—	1	1
$14^2\times160$	G－bneck	1 024	160	1	1	1
$14^2\times160$	Conv2d	—	1 024	—	1	—
$14^2\times1\ 024$	AvgPool	—	—	—	—	—
$1^2\times1\ 024$	Conv2d	—	1 280	—	1	—
$1^2\times1\ 280$	FC	—	1 000	—	—	—

6.3.4 IAFF－GECT目标跟踪方法步骤

IAFF－GECT目标跟踪方法具体步骤如下。

步骤1:初始化算法参数,基本参数采用ECO算法中的默认参数,如初始化滤波器 f,创建余弦窗口,构建高斯标签 y_0 等参数。

步骤2:读取视频的第一帧作为初始帧图像,根据数据集提供的位置信息裁剪第一帧子训练样本。

步骤3:将子训练样本输入GhostNet特征提取网络提取卷积特征,根据ECO算法中的手工特征过程提取手工特征。对特征进行加窗、插值处理 $J\{x\}$。

步骤4:将步骤3得到的特征初始化训练集GMM中的第一个组合产生训练集。

步骤5:根据得到的训练集更新得到新的滤波器 f,并保存当前信息。

步骤6:读取下一帧视频,同步骤3处理得到新的 $J\{x\}$。

步骤7:使用傅里叶变换将 $J\{x\}$ 和当前滤波器 f 转化到频域进行卷积计算,得到响应分数 $S_{\mathrm{pf}}\{x\}$,找到最高响应分数位置作为当前帧目标位置。

步骤8:将步骤7得到的目标信息在当前帧裁剪出子训练样本。

步骤9:使用GMM对 $J\{x\}$ 更新训练集。

步骤10:对是否更新滤波器 f 进行判断,如需更新,执行步骤5。

步骤11:判断是否跟踪完成。若没有,执行步骤6;若跟踪完成,输出目标信息,保存结果。

6.4 实验验证及结果分析

6.4.1 实验平台

本书所做实验均在一台处理器为Inter(R)Core(TM)i7－7700 3.60 GHz,内存为16 GB,操作系统为64位Windows 10 Professional,显示适配器为NVIDIA GeForce GTX 1060 3 GB,编程环境为Python 3.6,深度学习框架为PyTorch的计算机上进行。

6.4.2 实验设置

GECT 算法参数设置如下：采用 IAFF－GhostNet 网络作为特征提取模块，选择第一卷积层和最后 Ghost 层作为网络特征提取层，未提及的参数采用 ECO 算法默认参数。

6.4.3 特征提取过程对 IAFF－GECT 算法的影响分析

为研究本书所提出的 IAFF－GECT 算法采用有无预训练的 IAFF－GhostNet 特征提取网络对整个跟踪效果的影响，对特征提取网络 IAFF－GhostNet 是否有预训练进行实验。表 6.2 所示为有无预训练过程对数据集 OTB2015 跟踪结果的影响。IAFF－GECT 跟踪算法的精确度 0.892 高于无预训练的 IAFF－GECT－NP 算法的精确度 0.761，其成功率 0.661 高于无预训练的 IAFF－GECT－NP 算法的成功率 0.558。表 6.3 所示为有无预训练过程对数据集 VOT2018 跟踪结果的影响，IAFF－GECT 跟踪算法的精确度 0.519 高于无预训练的 IAFF－GECT－NP 算法的精确度 0.505，鲁棒性值 0.356 低于无预训练的 IAFF－GECT－NP 算法的鲁棒性值 0.492，平均期望覆盖率 0.255 高于 IAFF－GECT－NP 算法的平均期望覆盖率 0.207。实验结果表明，IAFF－GECT 算法采用有预训练的网络对于整体的特征提取有良好的效果。图 6.17 和图 6.18 所示为预训练过程对不同属性视频跟踪成功率和精确度的影响。从图中可知，有预训练过程对跟踪的成功率和精确度都有较大的提升，增加了跟踪的成功率和精确度。

表 6.2　有无预训练过程对数据集 OTB2015 跟踪结果的影响

跟踪器名	精确度	成功率
IAFF－GECT－NP(本章)	0.761	0.558
IAFF－GECT(本章)	0.892	0.661

表 6.3　有无预训练过程对数据集 VOT2018 跟踪结果的影响

跟踪器名	精确度	鲁棒性值	丢失数	平均期望覆盖率
IAFF－GECT(本章)	0.519	0.356	76.0	0.255
IAFF－GECT－NP(本章)	0.505	0.492	105.0	0.207

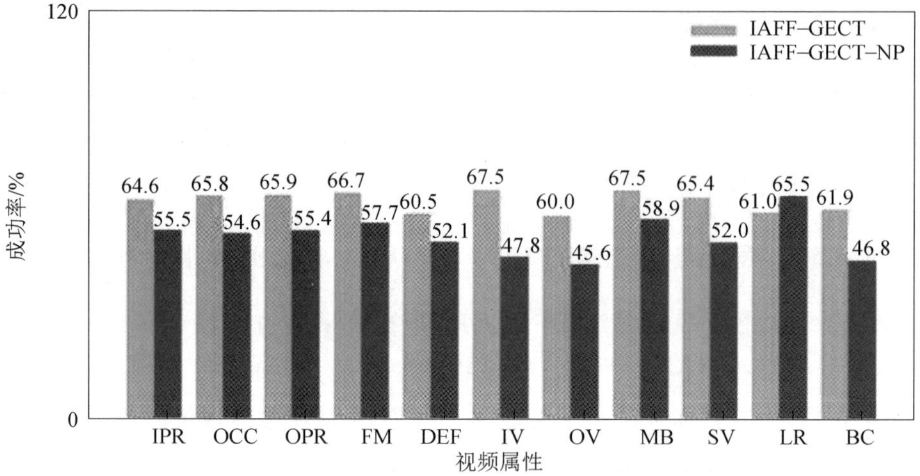

图 6.17　预训练过程对不同属性视频跟踪成功率的影响

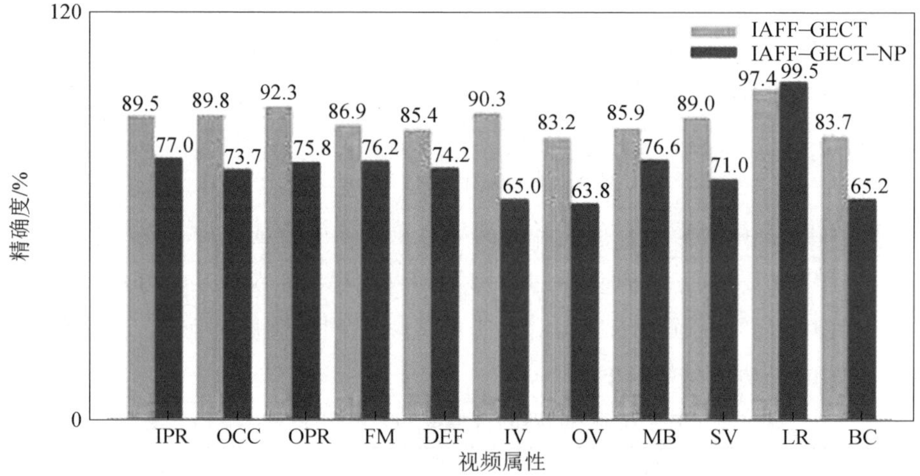

图 6.18　预训练过程对不同属性视频跟踪精确度的影响

6.4.4　跟踪过程特征可视化分析

为研究本书所提 IAFF－GECT 算法在特征的表征能力，将 IAFF－GhostNet 特征提取网络和全局平均池化后的特征进行输出，图 6.19 和图 6.20 所示为IAFF－GECT算法在数据集 OTB2015 中 Woman视频序列的可视化结果。图 6.19 所示为视频帧图像和浅层特征可视化结果，图 6.20 所示为深层特征可视化结果。实验结果表明，浅层特征更注重视频帧的纹理，深层特征更注重视频帧相应的语义信息。

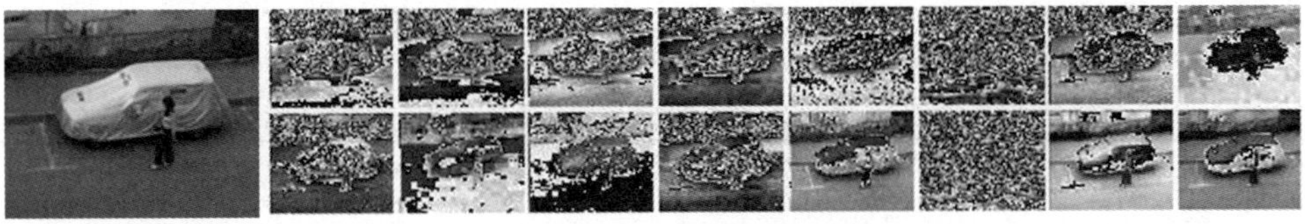

(a) 视频帧图像　　(b) 浅层特征

图 6.19　视频帧图像和浅层特征可视化结果

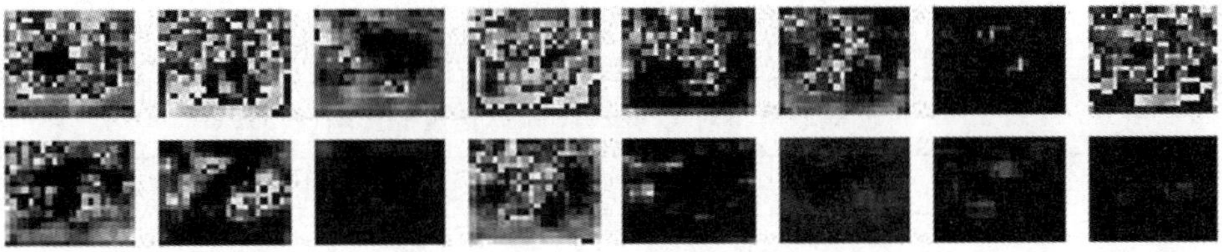

图 6.20　深层特征可视化结果

为研究特征在具体视频帧中的表现，将 VOT2018 中的 Basketball 视频序列跟踪分数加权可视化。由图 6.21 可知，本书提出的 GECT 算法在跟踪过程中，高响应分数的区域一直处于目标上，证明本算法在跟踪过程中具有高稳定性和高精确性。

图 6.21

图 6.21　响应分数加权可视化跟踪结果

6.4.5　IAFF－GECT 算法跟踪速度分析

为研究本章所提出的 IAFF－GECT 算法在运行速度上的优势性，将 IAFF－GECT 算法与 ECO－ResNet－50 在数据集 VOT2018 和 OTB2015 上进行对比，其中 ECO－ResNet－50 是 ResNet－50 作为 ECO 算法的特征提取网络。表 6.4 和表 6.5 所示为实验在 OTB2015 的实验结果，表 6.6 和表 6.7 所示为实验在 VOT2018 的实验结果。在 OTB2015 数据集中，有图形处理器（graphics processing unit，GPU）情况下，IAFF－GECT 算法的速度为 8.90 帧/s，比 ECO－ResNet－50 的 7.80 帧/s 速度提升 14.1%；无 GPU 情况下，IAFF－GECT 算法的速度为 1.10 帧/s，比 ECO－ResNet－50 的 0.7 帧/s 速度提升 57.1%。在 VOT2018 数据集中，有 GPU 情况下，IAFF－GECT 算法

的速度为 5.18 帧 /s，比 ECO－ResNet－50 的 4.15 帧 /s 速度提升 24.8%；无 GPU 情况下，IAFF－GECT 算法速度为0.80 帧 /s，比 ECO－ResNet－50 的 0.50 帧 /s 速度提升 60%。结果表明，GECT 算法在速度上的优势明显高于同样深度特征的 ECO－VGG－16 算法和 ECO－ResNet－50 算法。

表 6.4　特征提取网络对 OTB2015 跟踪速度的影响(无 GPU)

跟踪器名	速度 /(帧 · s^{-1})
ECO－ResNet－50	0.70
IAFF－GECT(本章)	1.10

表 6.5　特征提取网络对 OTB2015 跟踪速度的影响(有 GPU)

跟踪器名	速度 /(帧 · s^{-1})
ECO－ResNet－50	7.80
IAFF－GECT(本章)	8.90

表 6.6　特征提取网络对 VOT2018 跟踪速度的影响(无 GPU)

跟踪器名	速度 /(帧 · s^{-1})
ECO－ResNet－50	0.50
IAFF－GECT(本章)	0.80

表 6.7　特征提取网络对 VOT2018 跟踪速度的影响(有 GPU)

跟踪器名	速度 /(帧 · s^{-1})
ECO－ResNet－50	4.15
IAFF－GECT(本章)	5.18

6.4.6　IAFF－GECT 算法与基于 ECO－GN 算法比较分析

为研究本书所提出的 IAFF－GECT 算法与基于 ECO－GN 算法的区别，对不同特征提取网络的ECO算法进行实验。表 6.8 所示为 IAFF－GECT 算法与 ECO－GN 算法在 OTB2015 上的对比结果，其中 ECO－GN 算法表示基于 GhostNet 特征提取网络的 ECO 算法。IAFF－GECT 跟踪算法的精确度 0.892 高于无预训练的 ECO－GN 算法的精确度 0.828，成功率 0.661 高于无预训练的 ECO－GN 算法的成功率 0.602。表 6.9 所示为 IAFF－GECT 与 ECO－GN 在 VOT2018 上的对比结果，IAFF－GECT 跟踪算法的精确度 0.519 高于无预训练的 ECO－GN 算法的精确度 0.516，鲁棒性值 0.356 低于无预训练的 ECO－GN 算法的鲁棒性值 0.431，平均期望覆盖率 0.255 高于 ECO－GN 算法的平均期望覆盖率 0.217。实验结果表明，IAFF－GECT 算法对有预训练的网络对于整体的特征提取有良好的效果。图 6.22 和图 6.23 所示为 IAFF－GECT 算法与 ECO－GN 算法在不同属性下的视频跟踪成功率和精确度。从图中可知，IAFF－GECT 算法对比 ECO－GN 算法，在不同视频属性下都有较大的提升，增加了跟踪的成功率与精确度。

表 6.8　IAFF－GECT 与 ECO－GN 在 OTB2015 上的对比结果

跟踪器名	精确度	成功率
ECO－GN	0.828	0.602
IAFF－GECT（本章）	0.892	0.661

表 6.9　IAFF－GECT 与 ECO－GN 在 VOT2018 上的对比结果

跟踪器名	精确度	鲁棒性值	丢失数	平均期望覆盖率
IAFF－GECT（本章）	0.519	0.356	76.0	0.255
ECO－GN	0.516	0.431	92	0.217

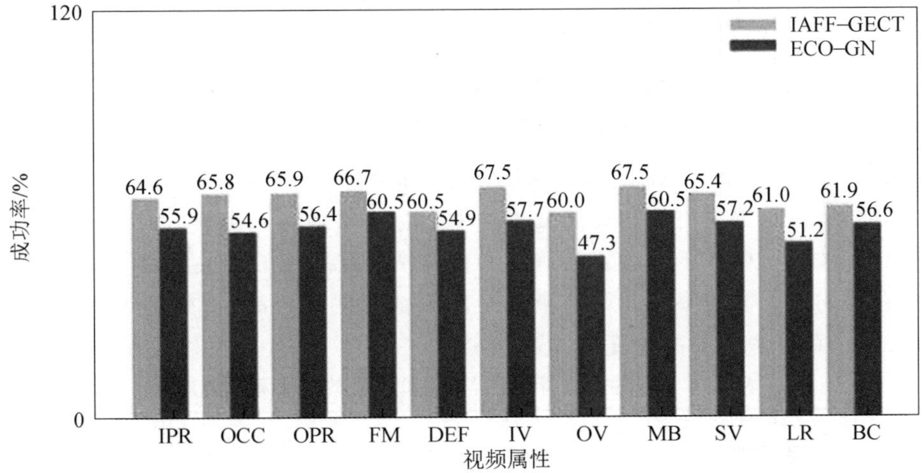

图 6.22　IAFF－GECT 与 ECO－GN 在不同属性下的视频跟踪成功率

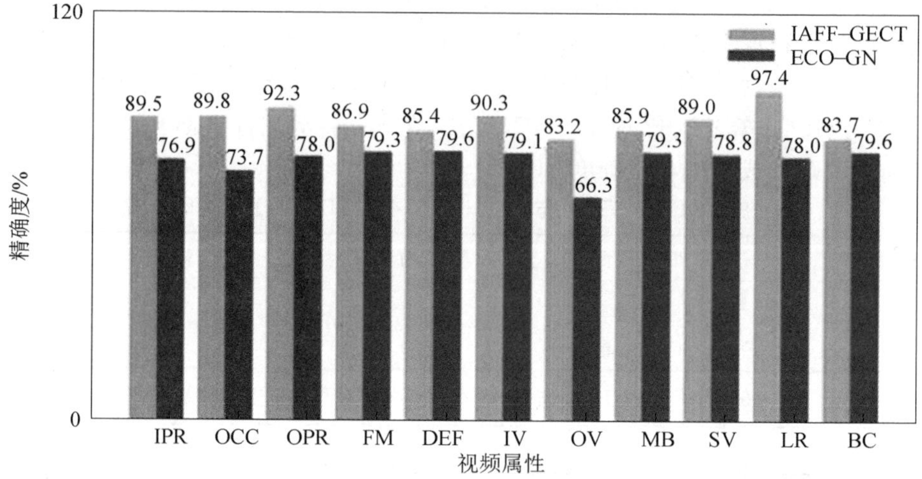

图 6.23　IAFF－GECT 与 ECO－GN 在不同属性下的视频跟踪精确度

6.4.7　IAFF－GECT 算法跟踪性能对比分析

为验证 IAFF－GECT 跟踪算法的有效性，采用 IAFF－GECT 算法与主流相关滤波算法的对比结果。

1. 在数据集 VOT2018 的测试结果

多种跟踪算法在 VOT2018 上的对比测试结果见表 6.10。本章的 IAFF－GECT 算法获得了 0.519 的跟踪精度、0.356 的鲁棒性值及 0.255 的平均期望覆盖率结果，在对比主流的相关滤波算法中跟踪效果最好。由表 6.10 可知，本章提出的 IAFF－GECT 算法在精确度和鲁棒性上比对比的相关滤波算法排名靠前，在平均期望覆盖率综合评价指标中比其他算法都要高，有效地证明了本章算法在跟踪算法中的高精度性和高稳定性。

表 6.10　多种跟踪算法在 VOT2018 上的对比测试结果

跟踪器名	精度度	鲁棒性值	丢失数	平均期望覆盖率
IAFF－GNECT(本章)	0.519	0.356	76.0	0.255
ECO[85]	0.485	0.403	86.0	0.224
CSRDCF[77]	0.495	0.501	107.0	0.210
ECO－HC[85]	0.500	0.473	101.0	0.207
Staple[80]	0.524	0.665	142.0	0.172

续表6.10

跟踪器名	精度度	鲁棒性值	丢失数	平均期望覆盖率
BACF[81]	0.511	0.674	144.0	0.169
STRCF[82]	0.483	0.679	145.0	0.152
SAMF[76]	0.499	1.147	245.0	0.110
DCF[73]	0.463	1.246	266.0	0.099
KCF[73]	0.463	1.330	284.0	0.094

2. 在数据集 OTB2015 的测试结果

在公开数据集 OTB2015 进行对比，并采用一次跟踪评估(one-pass evaluation，OPE) 作为评价方式。算法在 OTB2015 上的对比测试结果数值表见表6.11，其曲线如图6.24所示。本章所提算法获得了0.892的精确度和0.661的成功率。对比其他的相关滤波算法，本章所提算法在精确度和成功率上都排名较高，在 OTB2015 上也表现了高精度和高成功率。图6.25和图6.26所示为 IAFF－GECT 与 ECO－GN 在不同视频属性下的跟踪精确度和成功率。

表 6.11　算法在 OTB2015 上的对比测试结果数值表

跟踪器名	精确度	成功率
ECO[85]	0.913	0.686
IAFF－GECT(本章)	0.892	0.661
ECO－HC[85]	0.857	0.645
Staple[80]	0.782	0.595
BACF[81]	0.796	0.593
CSRDCF[77]	0.762	0.579
SAMF[76]	0.739	0.556
DSST[83]	0.694	0.533
STRCF[82]	0.723	0.527
DCF[73]	0.687	0.476
KCF[73]	0.673	0.468

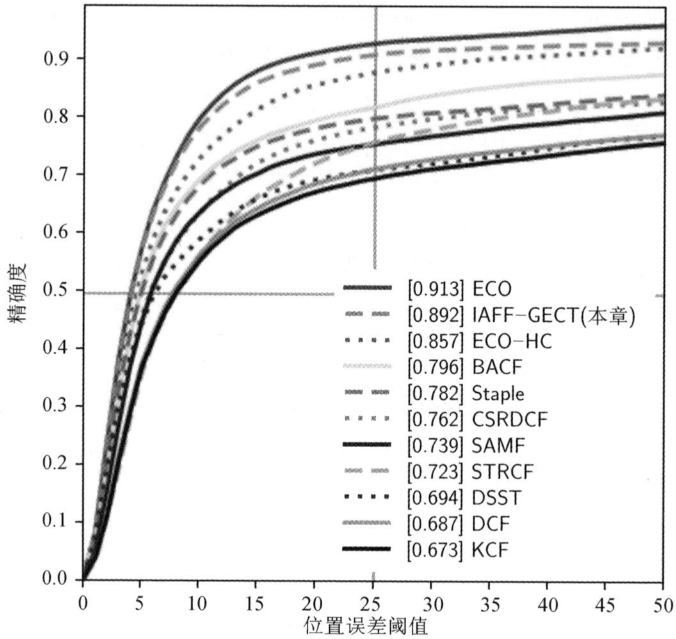

(a)

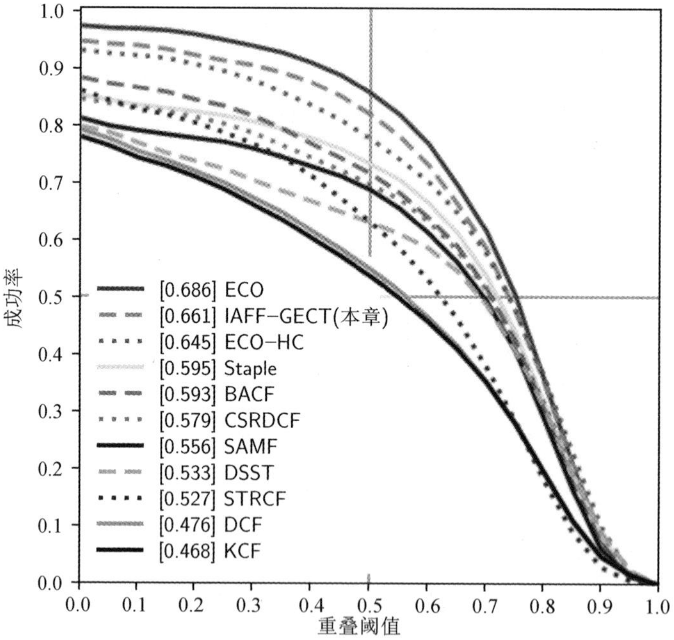

(b)

图 6.24　算法在 OTB2015 上的对比测试结果曲线

图 6.24

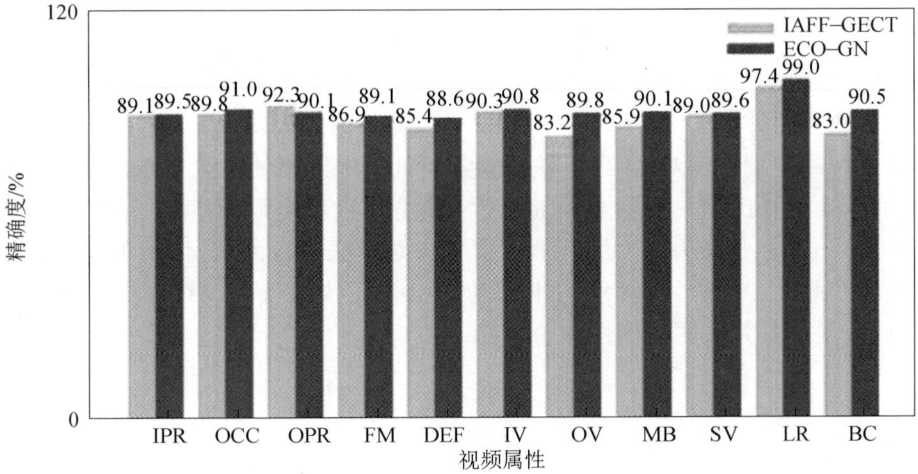

图 6.25　IAFF－GECT 与 ECO－GN 在不同视频属性下的跟踪精确度

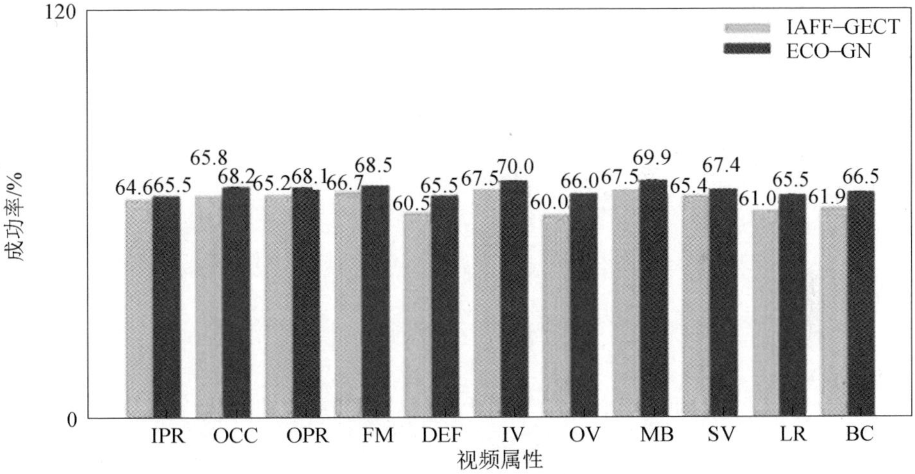

图 6.26　IAFF－GECT 与 ECO－GN 在不同视频属性下的跟踪成功率

6.5 本章小结

本章主要介绍了C—COT算法和ECO算法的基础知识,分析了ECO算法的有效性和弊端。针对ECO算法中卷积特征提取网络的参数量和计算量过大的问题,本章提出了一种基于轻量型CNN的ECO目标跟踪算法。在公开数据集OTB2015数据集和VOT2018数据集中对算法进行测试,证明了算法的轻量性和有效性。同时,将算法与主流基于相关滤波的目标跟踪算法进行了对比,验证了本章算法的精确性和鲁棒性。

结　论

作为计算机视觉中的热点问题，视频目标跟踪聚焦，在智能监控、高级人机交互、汽车导航、体育运动信息分析等各个领域有着非常重要的应用价值和广阔的应用前景。本书着眼于当前视频目标跟踪中面临的各种挑战，探索影响视频目标跟踪性能的各种因素，如目标表示的多模态特征及其关联关系、候选样本与目标模板间的非线性关系、样本表示时数据局部性的重要性、相邻样本间的相似性关系及特征提取网络等，以建立各种复杂跟踪场景下提高视频目标跟踪性能的理论框架和体系。

本书的主要内容包括以下几个方面。

(1) 介绍两种基于多模态特征的目标跟踪方法。其中，第一种多模态方法考虑不同模态特征在目标表示上的显著性差异，对各模态特征分别进行稀疏表示；第二种多模态方法考虑同一候选样本不同模态特征在目标表示上的显著性差异及相互间的依赖关联，对各模态特征进行联合稀疏表示。实验结果表明，两种多模态跟踪方法具有理想的跟踪性能。

(2) 介绍一种基于加权稀疏表示的目标跟踪方法。该方法针对稀疏分解的潜在不稳定性及其带来的跟踪性能问题，通过目标模板与候选样本的距离对目标模板进行加权，使得与候选样本距离较近的目标模板具有更小的权值，从而具有更大的可能性来表示候选样本。实验结果表明，该方法比非加权稀疏表示目标跟踪方法具有更好的跟踪性能。

(3) 介绍一种基于多模态加权稀疏表示的目标跟踪方法。该方法将多模态联合稀疏表示与加权稀疏表示相融合，同时考虑候选样本与目标模板间的数据局部性结构、候选样本多模态特征间关联及候选样本间的相似性关联，构造统一的目标函数进行求解。实验结果表明，所提方法比流行的目标跟踪方法具有更好的综合性能。

(4) 介绍一种基于核稀疏表示的目标跟踪方法。该方法针对目标快速运动产生模糊的跟踪场景，采用核方法将候选样本与目标模板映射到高维特征空间，然后在高维空间对候选样本进行稀疏表示。实验结果表明，该方法提高了目标快速运动与模糊场景下的跟踪性能。

(5) 介绍一种基于轻量级特征提取网络的目标跟踪方法。该方法针对相关滤波目标跟踪算法特征提取过程参数量、计算量大的问题,优化网络结构,提出一种基于轻量级 CNN 的相关滤波目标跟踪算法。实验结果表明,该方法在跟踪精度相当的情况下,参数量与计算量大幅降低。

本书介绍了影响视频目标跟踪性能的各种因素,包括目标表示的多模态特征及其关联关系、候选样本与目标模板间的非线性关系、样本表示时数据局部性的重要性、相邻样本间的相似性关系、深度特征提取网络结构等,试图建立影响视频目标跟踪性能的理论体系和框架。实验结果表明,上述各种因素确实是影响跟踪性能的重要因素,本书提出的各种方法能够有效地提高基于稀疏表示目标跟踪方法的跟踪性能。

视频数据是从三维现实空间到二维平面空间,这一过程中不可避免地伴随着信息损失。同时被跟踪对象及其周围环境会随时间展现出动态、复杂变化,这涵盖了被跟踪对象的非刚性形变、非平面内旋转及相似背景等的干扰。此外,现实应用领域中往往实时性地严格要求,这些因素共同导致了视频目标跟踪领域依然面临着众多挑战。在其未来发展方面,迫切需要把计算机视觉领域及其他相关学科的先进成果结合起来,开展联合研究。因此,在现有研究的基础上,未来将在以下方面进一步开展研究。

(1) 多信息融合的视频目标跟踪。现有方法多针对单目视频开展工作,这类视频只含有现实 3D 场景某一角度的 2D 场景信息,缺乏景深和多角度场景信息。在今后的研究中,将会在多场景视频上开展基于多角度场景信息融合的视频目标跟踪方法研究,以期获得更为准确的视频目标跟踪结果。

(2) 提高视频目标跟踪的效率。目前跟踪效率是影响视频目标跟踪方法迈向实际应用的一个重要方面,而现有研究缺乏对影响跟踪效率的各种因素的综合考量,未来将探究各种影响因素,进一步提高跟踪效率。

参考文献

[1] HUBEL D H, WIESEL T N. Receptive fields of single neurones in the cat's striate cortex[J]. The journal of physiology, 1959, 148(3): 574-591.

[2] BARLOW H B. The coding of sensory messages[J]. Current problems in animal behaviour,1961:331-360.

[3] WILLSHAW D J, BUNEMAN O P, LONGUET-HIGGINS H C. Non-holographic associative memory[J]. Nature, 1969, 222: 960-962.

[4] BARLOW H B. Single units and sensation: A neuron doctrine for perceptual psychology? [J]. Perception, 1972, 1(4): 371-394.

[5] FIELD D J. Relations between the statistics of natural images and the response properties of cortical cells[J]. JOSA A,1987, 4(12): 2379-2394.

[6] MICHISON G. The organization of sequential memory: Sparse representations and the targeting problem[J]. Organization of neural networks. Weinheim,Germany: VCH Verlags Gesellschaft, 1988:347-367.

[7] ROLLS E T, TREVES A. The relative advantages of sparse versus distributed encoding for associative neuronal networks in the brain[J]. Network: computation in neural systems, 1990, 1(4): 407-421.

[8] ROLLS E T, TOVEE M J. Sparseness of the neuronal representation of stimuli in the primate temporal visual cortex[J]. Journal of neurophysiology, 1995, 73(2): 713-726.

[9] FIELD D J. What the statistics of natural images tell us about visual coding[C]//SPIE Proceedings, Human Vision, Visual Processing, and Digital Display. Los Angeles, CA, USA:SPIE, 1989: 269-276.

[10] OLSHAUSEN B A, FIELD D J. Emergence of simple-cell receptive field properties by learning a sparse code for natural images[J]. Nature, 1996, 381(6583): 607-609.

[11] OLSHAUSEN B A, FIELD D J. Sparse coding with an overcomplete basis set: A strategy employed by V1? [J]. Vision research, 1997, 37(23): 3311-3325.

[12] BELL A J, SEJNOWSKI T J. The "independent components" of natural scenes are edge filters[J]. Vision research, 1997, 37(23): 3327-3338.

[13] TENENBAUM J B, FREEMAN W T. Separating style and content with bilinear models[J]. Neural computation, 2000, 12(6): 1247-1283.

[14] OLSHAUSEN B A, SALLEE P, LEWICKI M S. Learning sparse image codes using a wavelet pyramid architecture[J]. Advances in neural information processing systems, 2001: 887-893.

[15] OJA E,HYVARINEN A. A fast fixed-point algorithm for independent component analysis[J]. Neural computation,1997,9(7) :1483-1492.

[16] HOYER P O. Modeling receptive fields with non-negative sparse coding[J]. Neurocomputing, 2003, 52: 547-552.

[17] DONOHO D L. Compressed sensing[J]. IEEE transactions on information theory,2006,52(4):1289-1306.

[18] 杨谦，齐翔林，汪云九. 视皮层 V1 区简单细胞的稀疏编码策略[J]. 计算物理，2001，18(2)：143-146.

[19] 石光明，刘丹华，高大化，等. 压缩感知理论及其研究进展[J]. 电子学报，2009，37(5)：1070-1081.

[20] 焦李成，杨淑媛，刘芳，等. 压缩感知回顾与展望[J]. 电子学报，2011，39(7)：1651-1662.

[21] ENGAN K, AASE S O, HAKON HUSOY J. Method of optimal directions for frame design[C]//1999 IEEE International Conference on Acoustics, Speech, and Signal Processing. Proceedings. ICASSP99. Phoenix, AZ, USA:IEEE, 1999: 2443-2446.

[22] AHARON M, ELAD M, BRUCKSTEIN A. K－SVD: An algorithm for designing overcomplete dictionaries for sparse representation[J]. IEEE transactions on signal processing, 2006, 54(11): 4311-4322.

[23] MAIRAL J, BACH F, PONCE J, et al. Online learning for matrix factorization and sparse coding[J]. Journal of machine learning research, 2010, 11: 19-60.

[24] PATI Y C, REZAIIFAR R, KRISHNAPRASAD P S. Orthogonal matching pursuit: Recursive function approximation with applications

to wavelet decomposition[C]//Proceedings of 27th Asilomar Conference on Signals, Systems and Computers. Pacific Grove, CA, USA:IEEE, 1993: 40-44.

[25] NEEDELL D, VERSHYNIN R. Uniform uncertainty principle and signal recovery via regularized orthogonal matching pursuit[J]. Foundations of computational mathematics, 2009, 9(3): 317-334.

[26] NEEDELL D, TROPP J A. CoSaMP: Iterative signal recovery from incomplete and inaccurate samples[EB/OL]. 2008: 0803.2392. https://arxiv.org/abs/0803.2392v2.

[27] DAI W,MILENKOVIC O. Subspace pursuit for compressive sensing: Closing the gap between performance and complexity[R]. ILLINOIS UNIV AT URBANA-CHAMAPAIGN,2008.

[28] CHAIB S, LIU H, GU Y F, et al. Deep feature fusion for VHR remote sensing scene classification[J]. IEEE transactions on geoscience and remote sensing, 2017, 55(8): 4775-4784.

[29] 李鑫泽，张轩雄，陈胜. 高效检测复杂场景的快速金字塔网络 SPNet[J]. 中国图象图形学报，2020，25(5)：977-992.

[30] COMANICIU D, RAMESH V, MEER P. Real-time tracking of non-rigid objects using mean shift[C]//Proceedings IEEE Conference on Computer Vision and Pattern Recognition. CVPR 2000. Hilton Head, SC, USA:IEEE, 2000: 142-149.

[31] YANG C J, DURAISWAMI R, DAVIS L. Efficient mean-shift tracking via a new similarity measure[C]//2005 IEEE Computer Society Conference on Computer Vision and Pattern Recognition (CVPR'05). San Diego, CA, USA:IEEE, 2005: 176-183.

[32] TU J L, TAO H, HUANG T. Online updating appearance generative mixture model for meanshift tracking[M]//Computer Vision — ACCV 2006. Berlin, Heidelberg: Springer Berlin Heidelberg, 2006: 694-703.

[33] DU K, JU Y F, JIN Y L, et al. MeanShift tracking algorithm with adaptive block color histogram[C]//2012 2nd International Conference on Consumer Electronics, Communications and Networks (CECNet). Yichang, China:IEEE, 2012: 2692-2695.

[34] LI X, HU W M, ZHANG Z F, et al. Visual tracking via incremental Log-Euclidean Riemannian subspace learning[C]//2008 IEEE

Conference on Computer Vision and Pattern Recognition. June 23-28, 2008. Anchorage, AK, USA: IEEE, 2008: 1-8.

[35] KWON J, LEE K M. Visual tracking decomposition[C]//2010 IEEE Computer Society Conference on Computer Vision and Pattern Recognition. San Francisco, CA, USA: IEEE, 2010: 1269-1276.

[36] WANG Y R, TANG X L, CUI Q. Dynamic appearance model for particle filter based visual tracking[J]. Pattern recognition, 2012, 45(12): 4510-4523.

[37] ROSS D A, LIM J, LIN R S, et al. Incremental learning for robust visual tracking[J]. International journal of computer vision, 2008, 77(1-3): 125-141.

[38] WANG D, LU H C, YANG M H. Online object tracking with sparse prototypes[J]. IEEE transactions on image processing, 2013, 22(1): 314-325.

[39] ZHANG S P, YAO H X, SUN X, et al. Sparse coding based visual tracking: Review and experimental comparison[J]. Pattern recognition, 2013, 46(7): 1772-1788.

[40] WANG Q, CHEN F, YANG J M, et al. Transferring visual prior for online object tracking[J]. IEEE transactions on image processing, 2012, 21(7): 3296-3305.

[41] LIU B Y, HUANG J Z, YANG L, et al. Robust tracking using local sparse appearance model and K-selection[C]//CVPR. Colorado Springs, CO, USA: IEEE, 2011: 1313-1320.

[42] WANG Q, CHEN F, XU W L, et al. Online discriminative object tracking with local sparse representation[C]//2012 IEEE Workshop on the Applications of Computer Vision (WACV). Breckenridge, CO, USA:IEEE, 2012: 425-432.

[43] ZHANG S P, YAO H X, LIU S H. Robust visual tracking using feature-based visual attention[C]//2010 IEEE International Conference on Acoustics, Speech and Signal Processing. Dallas, TX, USA:IEEE, 2010: 1150-1153.

[44] LIU B Y, HUANG J Z, YANG L, et al. Robust tracking using local sparse appearance model and K-selection[C]//CVPR. Colorado Springs, CO, USA:IEEE, 2011: 1313-1320.

[45] JIA X,LU H,YANG M H. Visual tracking via adaptive structural local sparse appearance model[C]//Computer vision and pattern recognition (CVPR),2012 IEEE Conference on. IEEE,2012:1822-1829.

[46] WRIGHT J,YANG A Y,GANESH A,et al. Robust face recognition via sparse representation[J]. IEEE transactions on pattern analysis and machine intelligence,2009,31(2):210-227.

[47] MEI X,LING H. Robust visual tracking and vehicle classification via sparse representation[J]. IEEE transactions on pattern analysis and machine intelligence,2011,33(11):2259-2272.

[48] WU Y,BLASCH E,CHEN G,et al. Multiple source data fusion via sparse representation for robust visual tracking[C]//Information Fusion (FUSION),2011 Proceedings of the 14th International Conference on. IEEE,2011:1-8.

[49] ZHANG T,GHANEM B,LIU S,et al. Robust visual tracking via multi-task sparse learning[C]//Computer Vision and Pattern Recognition (CVPR),2012 IEEE Conference on. IEEE,2012:2042-2049.

[50] HONG Z,MEI X,PROKHOROV D,et al. Tracking via robust multi-task multi-view joint sparse representation[C]//Computer Vision (ICCV),2013 IEEE International Conference on. IEEE,2013:649-656.

[51] LIU B,YANG L,HUANG J,et al. Robust and fast collaborative tracking with two stage sparse optimization[M]//Computer Vision — ECCV 2010. Springer Berlin Heidelberg,2010:624-637.

[52] LI H,SHEN C,SHI Q. Real-time visual tracking using compressive sensing[C]//Computer Vision and Pattern Recognition (CVPR),2011 IEEE Conference on. IEEE,2011:1305-1312.

[53] WU Y,LING H,BLASCH E,et al. Visual tracking based on log-Euclidean Riemannian sparse representation[M]//Advances in Visual Computing. Springer Berlin Heidelberg,2011:738-747.

[54] MEI X,LING H,WU Y,et al. Minimum error bounded efficient l_1 tracker with occlusion detection[C]//Computer Vision and Pattern Recognition (CVPR),2011 IEEE Conference on. IEEE,2011:1257-1264.

[55] ZHUANG B,LU H,XIAO Z,et al. Visual tracking via discriminative sparse similarity map[J]. IEEE transactions on image processing,2014,23(4):1872-1881.

[56] ZHANG S,YAO H,SUN X,et al. Robust object tracking based on sparse representation[C]//Proceedings of SPIE International Conference on Visual Communications and Image Processing. 2010:77441N-1.

[57] WANG D,LU H,XIAO Z,et al. Inverse sparse tracker with a locally weighted distance metric[J]. IEEE Transactions on image processing, 2015,24(9):2646-2657.

[58] ZHONG W,LU H,YANG M H. Robust object tracking via sparsity-based collaborative model[C]//Computer vision and pattern recognition (CVPR),2012 IEEE Conference on. IEEE,2012:1838-1845.

[59] AVIDAN S. Support vector tracking[J]. IEEE transactions on pattern analysis and machine intelligence,2004,26(8):1064-1072.

[60] WILLIAMS O,BLAKE A,CIPOLLA R. Sparse bayesian learning for efficient visual tracking[J]. IEEE transactions on pattern analysis and machine intelligence, 2005, 27(8):1292-1304.

[61] TIAN M,ZHANG W,LIU F. On-line ensemble SVM for robust object tracking[M]//Computer Vision — ACCV 2007. Springer Berlin Heidelberg,2007:355-364.

[62] BAI Y,TANG M. Robust tracking via weakly supervised ranking svm[C]//Computer Vision and Pattern Recognition (CVPR),2012 IEEE Conference on. IEEE,2012:1854-1861.

[63] GRABNER H,GRABNER M,BISCHOF H. Real-time tracking via on-line boosting[J]. BMVC, 2006,1(5):6.

[64] XU L,YAMASHITA T,LAO S,et al. Online real boosting for object tracking under severe appearance changes and occlusion[C]//Acoustics, Speech and Signal Processing,2007. ICASSP 2007. IEEE International Conference on. IEEE,2007,1:I-925-I-928.

[65] GRABNER H,LEISTNER C,BISCHOF H. Semi-supervised on-line boosting for robust tracking[M]//Computer Vision — ECCV 2008. Springer Berlin Heidelberg,2008:234-247.

[66] BABENKO B,YANG M H,BELONGIE S. Visual tracking with online multiple instance learning[C]//Computer Vision and Pattern Recognition,2009. CVPR 2009. IEEE Conference on. IEEE, 2009:983-990.

[67] ZEISL B,LEISTNER C,SAFFARI A,et al. On-line semi-supervised multiple-instance boosting[C]//Computer Vision and Pattern Recognition (CVPR),2010 IEEE Conference on. IEEE,2010:1879-1879.

[68] ZHANG K,SONG H. Real-time visual tracking via online weighted multiple instance learning[J]. Pattern recognition,2013,46(1):397-411.

[69] KALAL Z,MIKOLAJCZYK K,MATAS J. Tracking-learning-detection[J]. IEEE transactions on pattern analysis and machine intelligence,2012, 34(7) : 1409-1422.

[70] ZHANG K,ZHANG L,YANG M H. Real-time compressive tracking[M]//Computer Vision-ECCV 2012. Springer Berlin Heidelberg,2012:864-877.

[71] LI H,SHEN C,SHI Q. Real-time visual tracking using compressive sensing[C]//Computer Vision and Pattern Recognition (CVPR),2011 IEEE Conference on. IEEE,2011:1305-1312.

[72] HAN K. Image object tracking based on temporal context and MOSSE[J]. Cluster computing, 2017, 20(2): 1259-1269.

[73] YAN J , ZHONG L ,YAO Y , et al. Dual-template adaptive correlation filter for real-time object tracking[J]. Multimedia tools and applications, 2021, 80(2): 2355-2376.

[74] BOLME D S, BEVERIDGE J R, DRAPER B A, et al. Visual object tracking using adaptive correlation filters[C]//International Conference on Computer Vision and Pattern Recognition (CVPR). IEEE, 2010: 2544-2550.

[75] HENRIQUES J F, CASEIRO R, MARTINS P, et al. Exploiting the circulant structure of tracking-by-detection with kernels[C]//European Conference on Computer Vision (ECCV). Springer, Berlin, Heidelberg, 2012: 702-715.

[76] LI Y, ZHU J. A scale adaptive kernel correlation filter tracker with feature integration[C]//European Conference on Computer Vision(ECCV). Springer, Cham, 2014: 254-265.

[77] DANELLJAN M, HAGER G, SHAHBAZ K F, et al. Learning spatially regularized correlation filters for visual tracking[C]//Proceedings of the IEEE international conference on computer vision(ICCV). 2015: 4310-4318.

[78] DANELLJAN M, HAGER G, SHAHBAZ K F, et al. Convolutional features for correlation filter based visual tracking[C]//Proceedings of the IEEE international conference on computer vision workshops(ICCV). 2015: 58-66.

[79] DANELLJAN M, HAGER G, SHAHBAZ K F, et al. Adaptive decontamination of the training set: A unified formulation for discriminative visual tracking[C]//Proceedings of the IEEE Conference on Computer Vision and Pattern Recognition(CVPR). 2016: 1430-1438.

[80] BERTINETTO L, VALMADRE J, GOLODETZ S, et al. Staple: Complementary learners for real-time tracking[C]//Proceedings of the IEEE conference on computer vision and pattern recognition(CVPR). 2016: 1401-1409.

[81] KIANI GALOOGAHI H, FAGG A, LUCEY S. Learning background-aware correlation filters for visual tracking[C]//Proceedings of the IEEE international conference on computer vision(ICCV). 2017: 1135-1143.

[82] LI F, TIAN C, ZUO W, et al. Learning spatial-temporal regularized correlation filters for visual tracking[C]// International Conference on Computer Vision and Pattern Recognition(CVPR). 2018: 4904-4913.

[83] DANELLJAN M, HAGER G, SHAHBAZ K F, et al. Discriminative scale space tracking[J]. IEEE transactions on pattern analysis and machine intelligence (TPAMI), 2016, 39(8): 1561-1575.

[84] DANELLJAN M, HAGER G, SHAHBAZ K F, et al. Convolutional features for correlation filter based visual tracking[C]//Proceedings of the IEEE International Conference on Computer Vision Workshops. 2015: 58-66.

[85] DANELLJAN M, BHAT G, SHAHBAZ K F, et al. ECO: Efficient convolution operators for tracking[C]//Proceedings of the IEEE Conference on Computer Vision and Pattern Recognition (CVPR). 2017: 6638-6646.

[86] BERTINETTO L, VALMADRE J, HENRIQUES J F, et al. Fully-convolutional siamese networks for object tracking[C]//European Conference on Computer Vision (ECCV). Springer, Cham, 2016: 850-865.

[87] LI B, YAN J, WU W, et al. High performance visual tracking with siamese region proposal network[C]//International Conference on Computer Vision and Pattern Recognition (CVPR). 2018: 8971-8980.
[88] PARK E, BERG A C. Meta-tracker: Fast and robust online adaptation for visual object trackers[C]// European Conference on Computer Vision (ECCV). 2018: 569-585.
[89] WANG G, LUO C, SUN X, et al. Tracking by instance detection: A meta-learning approach[C]// International Conference on Computer Vision and Pattern Recognition (CVPR). 2020: 6288-6297.
[90] 热孜亚·艾沙,艾斯卡尔·艾木都拉.基于元学习的红外弱小点状目标跟踪算法[J/OL].激光技术,2021. DOI: 10.75. 10/jgjs. issn. 1001-3806. 2021.03.023.
[91] VOIGTLAENDER P, LUITEN J, TORR P H S, et al. Siam R-CNN: Visual tracking by re-detection[C]// International Conference on Computer Vision and Pattern Recognition (CVPR). 2020: 6578-6588.
[92] WANG H,SUTER D. Efficient visual tracking by probabilistic fusion of multiple cues[C]//Pattern Recognition,2006. ICPR 2006. 18th International Conference on. IEEE,2006,4:892-895.
[93] SPENGLER M,SCHIELE B. Towards robust multi-cue integration for visual tracking[J]. Machine vision and applications,2003,14(1):50-58.
[94] WU Y,HUANG T S. Robust visual tracking by integrating multiple cues based on co-inference learning[J]. International journal of computer vision,2004,58(1):55-71.
[95] YIN M,ZHANG J,SUN H,et al. Multi-cue-based CamShift guided particle filter tracking[J]. Expert systems with applications,2011, 38(5):6313-6318.
[96] LIU H,YU Z,ZHA H,et al. Robust human tracking based on multi-cue integration and mean-shift[J]. Pattern recognition letters, 2009,30(9):827-837.
[97] ANDRIEU C, DOUCET A, PUNSKAYA E. Sequential Monte Carlo methods in practice[M]. Berlin: Springer Science & Business Media,2013.
[98] GORDON N J,SALMOND D J,SMITH A F M. Novel approach to nonlinear/non-Gaussian Bayesian state estimation[C]//IEEE

Proceedings F (Radar and Signal Processing). IET Digital Library, 1993,140(2):107-113.

[99] LIU J S,CHEN R. Sequential Monte Carlo methods for dynamic systems[J]. Journal of the American statistical association,1998, 93(443):1032-1044.

[100] KITAGAWA G. Monte Carlo filter and smoother for non-Gaussian nonlinear state space models[J]. Journal of computational and graphical statistics,1996,5(1):1-25.

[101] HIGUCHI T. Monte Carlo filter using the genetic algorithm operators[J]. Journal of statistical computation and simulation,1997, 59(1):1-23.

[102] MO Y,XIAO D Y. Hybrid system monitoring and diagnosing based on particle filter algorithm[J]. Acta automatica sinica,2003, 29(5):641-648.

[103] KANG J, COHEN I, MEDIONI G. Object reacquisition using geometric invariant appearance model[C]. Cambridge: International Conference on Pattern Recognition, 2004:759-762.

[104] PORTER R. Texture classification and segmentation[D]. University of Bristol,1997.

[105] YUAN X T,LIU X,YAN S. Visual classification with multitask joint sparse representation[J]. IEEE transactions on image processing, 2012,21(10):4349-4360.

[106] LU C Y,MIN H,GUI J,et al. Face recognition via weighted sparse representation[J]. Journal of visual communication & image representation,2013,24(2):111-116.

[107] HU Q,ZHU P,YANG Y,et al. Large-margin nearest neighbor classifiers via sample weight learning[J]. Neurocomputing,2011, 74(4):656-660.

[108] YANG X,SONG Q,WANG Y. A weighted support vector machine for data classification[J]. International journal of pattern recognition and artificial intelligence,2007,21(5):961-976.

[109] ZONG W,HUANG G B,CHEN Y. Weighted extreme learning machine for imbalance learning[J]. Neurocomputing,2013, 101:229-242.

[110] FAN Z,NI M,ZHU Q,et al. Weighted sparse representation for face recognition[J]. Neurocomputing,2015,151:304-309.

[111] ZHANG S, YAO H, ZHOU H, et al. Robust visual tracking based on online learning sparse representation[J]. Neurocomputing, 2013, 100:31-40.

[112] ZHANG T, GHANEM B, LIU S, et al. Robust visual tracking via structured multi-task sparse learning[J]. International journal of computer vision,2013,101(2):367-383.

[113] BOSER B E. A training algorithm for optimal margin classifiers[C]// Proceedings of the 5th Annual ACM Workshop on Computational Learning Theory, 1992:144-152.

[114] 周晓飞,杨静宇,姜文瀚. 核最近邻凸包分类算法[J]. 中国图象图形学报,2007,12(7):1209-1213.

[115] MIKA S,SCHOLKOPF B. Kernel PCA and de-noising in feature spaces[J]. Advances in neural information processing systems, 1999:536-542.

[116] MIKA S,RÄTSCH G,WESTON J,et al. Fisher discriminant analysis with kernels[C]// Neural Networks for Signal Processing Ⅸ,1999. Proceedings of the 1999 IEEE Signal Processing Society Workshop. IEEE,1999:41-48.

[117] MERCER J. Functions of positive and negative type,and their connection with the theory of integral equations[J]. Philosophical trans on royal society of London,1909,209A:415-446.

[118] AIZERMAN A,BRAVERMAN E M,ROZONER L I. Theoretical foundations of the potential function method in pattern recognition learning[J]. Automation and remote control,1964,25:821-837.

[119] YIN J,LIU Z,JIN Z,et al. Kernel sparse representation based classification[J]. Neurocomputing,2012,77(1) :120-128.

[120] ZHOU Y,LIU K,CARRILLO R E,et al. Kernel-based sparse representation for gesture recognition[J]. Pattern recognition,2013, 46(12):3208-3222.

[121] GAO S,TSANG W H,CHIA L T. Kernel sparse representation for image classification and face recognition[C]// European Conference on Computer Vision. Springer-Verlag,2010:1-14.

[122] BAHDANAU D, CHO K, BENGIO Y. Neural machine translation by jointly learning to align and translate[J/OL]. arXiv. https://doi.org/10.48550/ARXIV.1409.0473, 2014.

[123] FU J, LIU J, TIAN H, et al. Dual attention network for scene segmentation[C]//Proceedings of the IEEE/CVF Conference on Computer Vision and Pattern Recognition(CVPR). 2019: 3146-3154.

[124] WANG X, GIRSHICK R, GUPTA A, et al. Non-local neural networks[C]//Proceedings of the IEEE conference on computer vision and pattern recognition(CVPR). 2018: 7794-7803.

[125] HUANG Z, WANG X, HUANG L, et al. Ccnet: Criss-cross attention for semantic segmentation[C]//Proceedings of the IEEE/CVF International Conference on Computer Vision(ICCV). 2019: 603-612.

[126] 林景栋，吴欣怡，柴毅，等. 卷积神经网络结构优化综述[J]. 自动化学报，2020，46(1)：24-37.

[127] 高秀龙，葛动元. 基于自动驾驶系统的轻量型卷积神经网络优化[J]. 计算机系统应用，2020，29(3)：93-99.